国家中等职业教育改革发展示范学校
项目建设系列教材编委会

国家中等职业教育改革发展示范学校项目建设系列教材

网络综合布线

刘宇丹　主编
邓大贤　曾国彬　副主编

暨南大學出版社
JINAN UNIVERSITY PRESS

中国·广州

图书在版编目（CIP）数据

网络综合布线/刘宇丹主编；邓大贤，曾国彬副主编. —广州：暨南大学出版社，2015.4（2025.7 重印）
（国家中等职业教育改革发展示范学校项目建设系列教材）
ISBN 978-7-5668-1417-3

Ⅰ.①网… Ⅱ.①刘…②邓…③曾… Ⅲ.①计算机网络—布线—中等专业学校—教材 Ⅳ.①TP393.03

中国版本图书馆 CIP 数据核字（2015）第 094614 号

网络综合布线
WANGLUO ZONGHE BUXIAN
主　编：刘宇丹　副主编：邓大贤　曾国彬

…………………………………………………………………………

出 版 人：阳　翼
责任编辑：林冬丽　周泽铭
责任校对：刘舜怡
责任印制：周一丹　郑玉婷

出版发行：暨南大学出版社（511434）
电　　话：总编室（8620）31105261
营销部（8620）37331682　37331689
传　　真：（8620）31105289（办公室）　37331684（营销部）
网　　址：http：//www.jnupress.com
排　　版：广州联图广告有限公司
印　　刷：广州方迪数字印刷有限公司
开　　本：787mm×960mm　1/16
印　　张：9.5
字　　数：207 千
版　　次：2015 年 4 月第 1 版
印　　次：2025 年 7 月第 3 次
定　　价：29.80 元

总 序

中等职业教育作为国民教育序列的重要组成部分，占据了我国中等教育的半壁江山。中等职业教育承担了为社会经济发展培养和输送中级技能型人才的主要任务，承担了促进中职学生成人、成德、成才的教育任务。因此，中等职业学校的教材必须具有人文教育性、职业特色性和紧随社会经济发展的时代性。

随着社会经济发展和产业结构的转型升级，中等职业教育将进入发展的新常态。社会经济发展对技能型人才的要求也将提出新的标准。社会对技能型人才要求的核心集中在“德技”二字。为此，我们提出“德技树人、德技立身”的职业教育理念，并强调：我们中职教育的教材要成为培养学生“德技”的载体，成为塑造学生良好品德、培养学生良好职业素养和现代职业技能的载体。基于此，我们成立了由教育、行业、企业等领域的专家组成的编纂委员会，指导我校旅游服务与管理、计算机网络技术和电子与信息技术等三个国家示范校重点建设专业的教材编写。在专家的引领下，同时根据社会经济发展、行业特点、岗位特点以及教育规律，我们编写了这套系列教材，以期更好地为培养适应社会经济发展的技能型人才服务。我们相信，这套系列教材能够充分体现理论与技能并重、行业标准与培养目标结合的职业教育特色。

在本套教材的编写过程中，我们参考了大量的文献和专著，并得到了广东省著名教育专家姜蕙女士、广东技术师范学院张辉教授以及韶关市旅游局有关领导的大力支持，在此一并对这些教育专家、行业企业专家以及相关编者、作者致以感谢。

韶关市中等职业技术学校校长

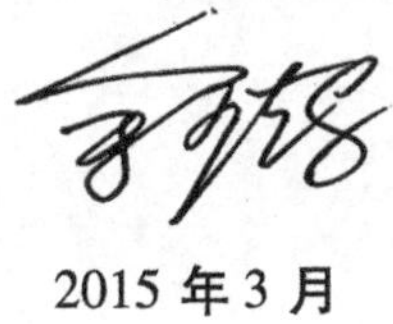

2015 年 3 月

前　言

“网络综合布线”课程是计算机相关专业的重要基础课程，也是计算机相关专业的必修课程之一。为了满足网络综合布线技术的教学实训需求，指导学生正确使用网络综合布线实训室，我们根据中等职业学校学生的特点和网络综合布线实训室设备的功能，编写了本教材。

本教材共4个项目、27个任务，每个任务都有理论、实训、练习，重点让学生在实训操作中掌握网络综合布线的知识。教材中的实训是和网络综合布线实训室的实验设备配套使用的，主要有认知实训、基本技能实训、规划设计实训和测试验收实训。同时教材可以对网络综合布线的工作区子系统、配线子系统、管理间子系统、干线子系统、设备间子系统等内容进行实训。

本教材采用“工学结合、项目主导、任务驱动”的编写方式，目的是提高学生的学习兴趣，使学生在积极主动地解决问题的过程中掌握就业岗位技能。

本教材的编写得到了广州市唯康通信技术有限公司的大力支持，韶关市中等职业技术学校信息技术系副主任曾国彬老师给予了指导，在此表示感谢。

本教材可作为中等职业学校专业课教材，也可作为网络综合布线行业、智能化建筑行业、安全技术防范行业的设计、施工和管理等专业技术人员的参考教材。

由于编者水平有限，书中难免有疏漏与不妥之处，敬请各位读者批评指正。

编　者

2015年4月

目录

项目一

认知实训

任务一 综合布线概论

一、综合布线的起源

综合布线的发展首先与楼宇自动化（BA）密切相关。20 世纪 50 年代初，一些发达国家就在大型高层建筑中采用由电子器件组成的控制系统。20 世纪 60 年代末，数字式自动化系统出现。20 世纪 70 年代，BA 系统迅速发展。

1984 年，首座智能大厦出现在美国，但仍采用传统布线方式，缺点日益显露。美国电话电报公司（AT&T）Bell 实验室的专家们经过多年的研究，在该公司的办公楼和工厂试验成功的基础上，于 20 世纪 80 年代末在美国率先推出了结构化综合布线系统（SCS）。

综合布线是一种模块化的、灵活性极高的在建筑物内或建筑群之间的信息传输通道。通过它可使话音设备、数据设备、交换设备及各种控制设备与信息管理系统连接起来，同时使这些设备与外部通信网络相连。它还包括建筑物外部网络或电信线路的连接点与应用系统设备之间的所有线缆及相关的连接部件。综合布线由不同系列和规格的部件组成，包括：传输介质、相关连接硬件（如配线架、连接器、插座、插头、适配器等）以及电气保护设备等。这些部件可用来构建各种子系统，都有各自的具体用途，不仅易于实施，而且能随需求的变化而平稳升级。

与综合布线关系最为密切的是“智能化大厦”。

智能化大厦又称“智能型大厦”，是指利用系统集成方法，将智能型计算机、通信、信息技术与建筑艺术有机结合，通过对设备的自动监控、对信息资源的管理、对使用者的服务及与建筑结构的优化组合，所获得的高效率、高功能、高安全度与高舒适度的建筑物。

二、智能化建筑结构

智能化建筑结构如图 1－1 所示。

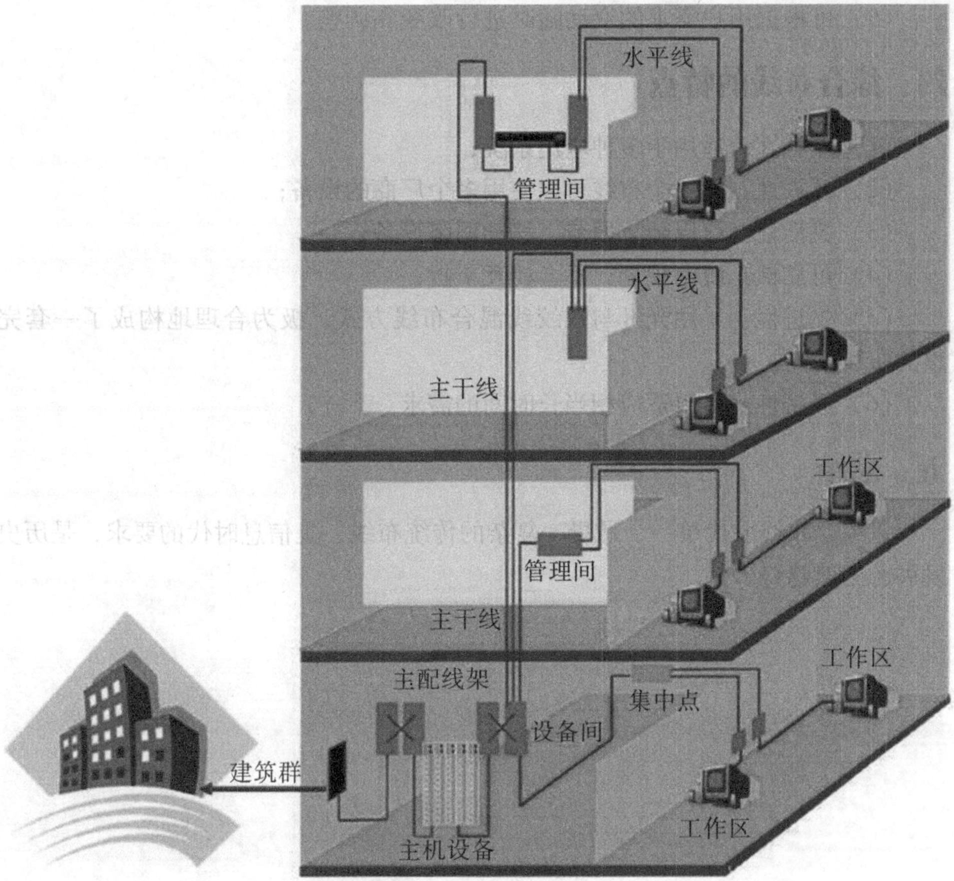

图 1－1　智能化建筑结构

三、传统布线与综合布线的比较

1. **传统布线的弊端**

（1）不同应用系统单独设置，在线路路由上有过多的牵制，线路错综复杂；

（2）重复施工，造成人力和材料的浪费；

（3）各子系统相互独立、互不兼容，造成使用者极大的不便；

（4）不具备开放性和灵活性；

（5）难以维护和管理；

（6）扩展困难，或在扩展时给原建筑物的美观造成很大的影响。

2. **综合布线的优势**

（1）综合各个系统统一布线，提高全系统的性价比；

（2）具有开放性和充分的灵活性；

（3）设计思路简洁，施工简单，降低了施工费用；

（4）大大减少了维护、管理人员的数量及费用；

（5）可根据用户需求的变动随时进行改变和调整。

四、综合布线的特点

（1）兼容性：适用于多种应用系统；

（2）开放性：同一个布线可以使用多个厂商的设备；

（3）灵活性：可以随意增减、移动网络设备；

（4）可靠性：统一规划，不会相互干扰；

（5）先进性：采用光纤与双绞线混合布线方式，极为合理地构成了一套完整的布线系统；

（6）经济性：可以适应相当长时间的需求。

五、总结

以综合布线取代单一、昂贵、复杂的传统布线，是信息时代的要求，是历史发展的必然趋势。

实训 参观校园网络综合布线系统

实训目的

通过参观施工现场等实践活动，区分综合布线系统中的不同部分，了解综合布线系统所用的设备及其为用户提供的服务。如有条件，可参观一座当地的智能化建筑，了解综合布线系统目前所能实现的功能。

实训内容

（1）参观、访问一个采用综合布线系统构建的校园网或企业网；

（2）根据参观情况，画出该网络的综合布线系统示意图。

实训过程

在学校实训部门的协助下，选择比较有代表性的校园网络或智能大厦的布线系统作为参观对象。在参观过程中，教师或网络管理员对整个布线系统的情况进行介绍，学生根据实际的布线环境了解计算机网络布线系统的基本组成，并对参观情况做详细的记录。参观结束后，让学生思考并回答以下问题：

（1）网络中心在什么位置？

（2）在网络中使用了哪些网络设备？

（3）在网络中哪个地方有交换机？它们之间都相连吗？怎么连接的？画出各交换机的连接图。

（4）校园内各建筑之间的网络是通过什么线缆连接的？线缆是怎样布放的？

（5）用户的计算机是通过什么接入校园网络的？

（6）网络中使用了哪些传输介质？

（7）网络的布线是暗敷还是明敷？

（8）单位内部的电话系统与网络系统的线缆是共用的吗？

（9）网络的出口带宽是多少？

实训总结

回答以上问题，完成实训总结。

练习与思考

1. 简述综合布线系统的概念。

2. 综合布线系统的特征是什么？

3. 通过对校园网络或智能大厦的参观与对基本理论的学习，阐述综合布线系统在人们生活中的主要应用。

4. 简述综合布线系统的发展过程。

5. 谈谈你对综合布线系统发展趋势的理解。

6. 找出 3 个关于综合布线系统的论坛、网站。

任务二 综合布线系统组成

一、综合布线系统的组成

根据《综合布线系统工程设计规范》（GB50311－2007）的定义，综合布线系统由7个部分组成：

（1）工作区子系统；

（2）配线子系统；

（3）干线子系统；

（4）管理间子系统；

（5）设备间子系统；

（6）进线间子系统；

（7）建筑群子系统。

二、综合布线系统的典型结构

综合布线系统的典型结构如图1－2所示。

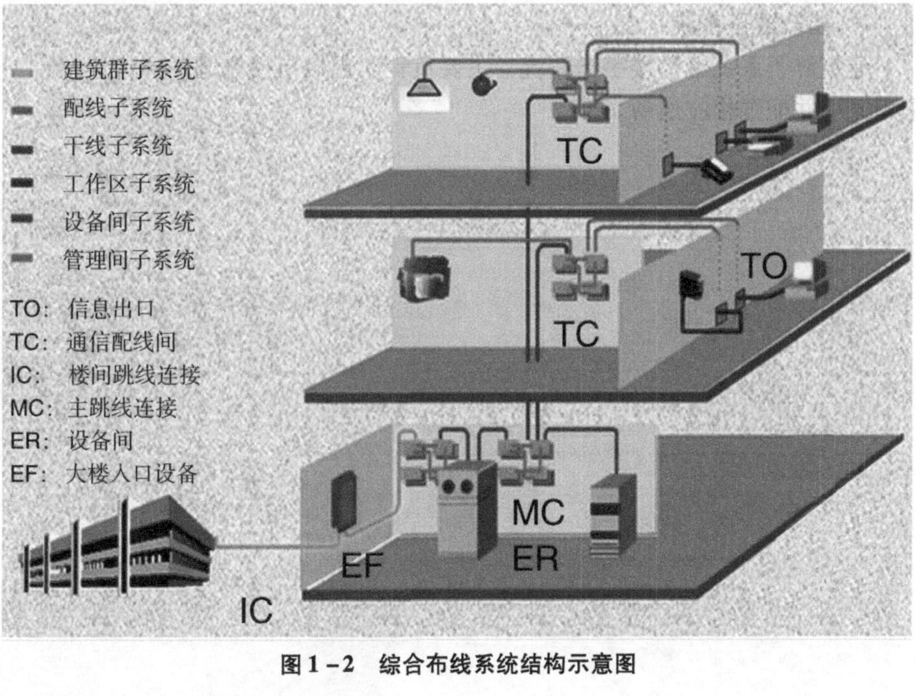

图1－2 综合布线系统结构示意图

1．工作区子系统

工作区子系统又称服务区子系统，由跳线与信息插座所连接的设备组成。

常用的终端设备包括：计算机、电话机、传真机、报警探头、摄像机、监视器、各种传感器件、音响设备等。

2．配线子系统

配线子系统又称水平子系统或水平干线子系统，由工作区信息插座模块、模块到楼层管理间连接线缆、配线架、跳线等组成。

3．干线子系统

干线子系统又称垂直子系统，它提供建筑物的干线电缆，负责连接管理间子系统和设备间子系统。一般选用光缆，以提高传输速率。

4．管理间子系统

管理间子系统也称电信间子系统或配线间子系统，一般设置在每个楼层的中间位置。

管理间内主要安装建筑物配线设备，如楼层机柜、配线架、交换机等。

5．设备间子系统

设备间子系统在实际应用中一般被称为网络中心或者机房，是在每栋建筑物的适当地点进行网络管理和信息交换的场地。

6．进线间子系统

进线间子系统是建筑物外部通信和信息管线的入口，也可作为入口设施和建筑群配线设备的安装场地。

7．建筑群子系统

建筑群子系统也称楼宇子系统，主要负责实现楼与楼之间的通信连接，一般采用光缆并配置相应设备。

实训 综合布线系统总体设计

实训目的 <<<

掌握综合布线系统的总体设计方法，能根据不同用户的业务需求和建筑物的实际情况，在熟悉设备间子系统、管理间子系统、工作区子系统、配线子系统、干线子系统和建筑群子系统的设计要求、原则和注意事项的基础上，完成综合布线系统的总体设计方案。

实训内容 <<<

完成办公楼或实验楼的结构化综合布线系统的总体设计。

实训过程 <<<

1. 设计的步骤

（1）分析用户需求。进行需求分析是综合布线系统总体设计的首要工作。

（2）技术交流。在进行需求分析后，要与用户进行技术交流，这是非常必要的。在交流过程中必须进行详细的书面记录，每次交流结束后要及时整理书面记录。

（3）获取建筑物平面设计图。

（4）进行可行性论证。

（5）设计布线路由。

（6）绘制综合布线施工图。

（7）编制综合布线用料清单。

2. 设计时应遵循的原则

综合布线系统的总体设计方案不是一成不变的，而是随着环境、用户要求来确定的，为更好地完成综合布线系统的总体设计，通常情况下应遵循如下原则：

（1）应具有长期规划思想，保证在较长时间内的适应性。

（2）应与大楼办公自动化、通信自动化、楼宇自动化等系统统筹规划，做到合理使用。

（3）设施建设应纳入建筑与建筑群的相应规划之中。

（4）设计时对新建、扩建、改建项目要区别对待。

（5）设计时应按照工程项目的性质、功能、环境条件和用户的近、远期要求进行。

（6）应符合国家、行业、协会等标准，同时可参考国外的新标准。

实训总结 <<<

通过实训，应掌握综合布线系统的总体设计步骤、设计要求、设计原则和设计内容，学会对简单建筑物的布线系统进行设计。在设计过程中，我们要统筹兼顾，总揽全局，全面分析用户的要求和设计准则以及设计区别，在此前提下还要尽可能地降低成本，提高性价比。

练习与思考

1. 综合布线系统的7个子系统是指什么？

2. 简述综合布线系统中工作区子系统的覆盖范围，并结合实际情况，举出例子。

3. 简述综合布线系统中配线子系统的覆盖范围，并结合实际情况，举出例子。

4. 简述综合布线系统中干线子系统的覆盖范围，并结合实际情况，举出例子。

5. 简述综合布线系统中管理间子系统的覆盖范围，并结合实际情况，举出例子。

6. 简述综合布线系统中设备间子系统的覆盖范围，并结合实际情况，举出例子。

7. 简述综合布线系统中进线间子系统的覆盖范围，并结合实际情况，举出例子。

8. 简述综合布线系统中建筑群子系统的覆盖范围，并结合实际情况，举出例子。

任务三　双绞线、同轴电缆和光纤

一、双绞线

1. 双绞线的结构

（1）标识。双绞线电缆外套上每隔2英尺（1英尺=0.304 8米）会印上一些标识，一般包括双绞线类型、防火测试和级别、长度标识、生产日期、生产商和产品号码等信息。

（2）非屏蔽双绞线（UTP）电缆颜色编码，包括：白蓝、蓝、白橙、橙、白绿、绿、白棕、棕。

2. 双绞线的分类

（1）按结构分类。

①非屏蔽双绞线。非屏蔽双绞线具有独立性和灵活性，适用于结构化综合布线。

②屏蔽双绞线。屏蔽双绞线外层由铝箔包裹，价格相对要高些，但抗干扰性能好。

（2）按性能指标分类。

按性能指标分类，双绞线可分为1类、2类、3类、4类、5类、超5类、6类、7类。其中，3类用于语音干线，超5类是市场主流，7类处于初步市场化阶段。

（3）按对数多少分类。

按对数多少分类，双绞线可分为2对、4对、25对、50对、100对。大对数电缆多用于语音数据的传输。

3. 国际标准T568A和T568B

T568A线序为：白绿、绿、白橙、蓝、白蓝、橙、白棕、棕。

T568B线序为：白橙、橙、白绿、蓝、白蓝、绿、白棕、棕。

在同一个工程中，只能采用一种连接标准，国内打线普遍采用T568B标准。

口诀：橙、蓝、绿、棕，白在前，3、5对调。

二、同轴电缆

1. 同轴电缆的结构

同轴电缆由一根空心的外圆柱导体及被导体包围的单根内导线组成。其结构从外到内分别为：护套、屏蔽层、绝缘层、导体。这种结构的金属屏蔽网可防止中心导体向外辐射电磁场，也可以防止外界电磁干扰中心导体。

2. **国产同轴电缆型号**

国产同轴电缆分为50欧同轴电缆和75欧同轴电缆。

国产同轴电缆中的75欧同轴电缆用于有线电视和模拟视频监控信号传输。

三、光纤

1. **光纤结构及种类**

（1）光纤结构。

光纤裸纤一般分为三层：中心为高折射率玻璃芯（芯径一般为9微米或50微米或62.5微米），中间为低折射率硅玻璃包层（直径一般为125微米），最外层是加强用的树脂涂层。

（2）常用光纤的分类。

按光在光纤中的传输模式可将光纤分为单模光纤和多模光纤。

①单模光纤（Single-Mode Fiber）。由于单模光纤只在主模进行传输（也就是说光线只沿光纤的内芯进行传输），使用长为1 310纳米或1 550纳米的光波，中心玻璃芯较细（芯径一般为9微米或10微米），只能传一种模式的光，因此，其模间色散很小，适用于远程通信，但因为其色度、色散起主要作用，所以单模光纤对光源的谱宽和稳定性有较高的要求，即谱宽要窄，稳定性要好。

②多模光纤（Multi-Mode Fiber）。在一定的工作波长下（850纳米或1 300纳米），有多个模式在光纤中传输，这种光纤被称为多模光纤。由于存在色散或像差，这种光纤的传输性能较差，频带比较窄，传输容量比较小，距离也比较短。中心玻璃芯较粗（芯径一般为50微米或62.5微米），可传多种模式的光。但其模间色散较大，这就限制了传输数字信号的频率，而且距离越长，频率越弱。例如：600兆字节/千米的光纤在2千米时就只有300兆字节的带宽了。因此，多模光纤传输的距离比较短，一般只有几千米。

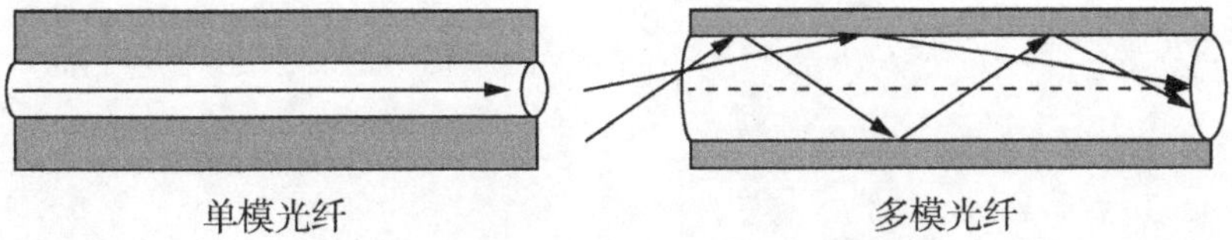

图1-3 单模光纤与多模光纤光线轨迹

2. **光纤通信的衰减**

造成光纤通信衰减的主要因素有：本征、弯曲、挤压、杂质、不均匀和对接等。

（1）本征：光纤的固有损耗，包括瑞利散射、固有吸收等；

（2）弯曲：光纤弯曲时部分光纤内的光因散射而造成损耗；

（3）挤压：光纤受到挤压时产生微小的弯曲而造成损耗；

（4）杂质：光纤内的杂质导致在光纤中传播的光散射和被吸收而造成损耗；

（5）不均匀：光纤材料的折射率不均匀而造成损耗；

（6）对接：光纤对接时产生损耗，如不同轴（单模光纤同轴度要求小于0.8微米）、端面与轴心不垂直、端面不平、对接芯径不匹配以及熔接质量差等。

3. 光纤的优点

（1）光纤的传输频带很宽，理论上可达30亿兆赫兹。

（2）适合远距离传输，可将信号无中继传输几十到一百多千米，而铜线只有几百米。

（3）不受电磁场和电磁辐射的影响。

（4）重量轻，体积小。例如：通21 000话路的900对双绞线，其直径为3英寸，重量为8吨/千米；而通信量为其十倍的光缆直径为0.5英寸，重量为450千克/千米。

（5）光纤通信不带电，使用安全，可用于易燃、易爆场所。

（6）可接受的使用环境、温度范围广。

（7）能有效避免化学腐蚀，使用寿命长。

实训 观察各种网络传输介质的结构

实训目的

通过观察各种网络传输介质的结构，加深对网络传输介质的认识，从而对综合布线有更深入的了解。

实训内容

老师按组准备非屏蔽双绞线、屏蔽双绞线、光缆、大对数电缆、电话线等传输介质若干段，让每组同学仔细观察各种传输介质的结构，思考并回答老师提出的问题。

实训过程

（1）哪些传输介质是现在网络中普遍使用的？

（2）光缆和光纤有什么区别？

（3）大对数电缆在网络中通常用于传输什么？

（4）屏蔽双绞线的使用场合可以用非屏蔽双绞线吗？

（5）非屏蔽双绞线的使用场合可以用屏蔽双绞线吗？

（6）使用屏蔽双绞线制作网络跳线时，可以用普通水晶头吗？

（7）大对数电缆可以充当网线吗？

（8）单模光纤和多模光纤可以混用吗？

实训总结

（1）以表格形式写清实训材料和工具的数量、规格、用途；

（2）陈述实训程序或步骤以及安装的注意事项；

（3）总结实训体会和操作技巧。

练习与思考

1. 双绞线的种类有哪些？
2. 屏蔽双绞线的使用场合可以用非屏蔽双绞线代替吗？
3. 非屏蔽双绞线的使用场合可以用屏蔽双绞线代替吗？
4. 什么是同轴电缆？
5. 同轴电缆在综合布线系统工程施工中的应用场合有哪些？
6. 哪些传输介质是现在网络中普遍使用的？
7. 光缆和光纤有什么区别？
8. 光纤的概念是什么？
9. 光纤有哪几类？
10. 光纤在综合布线系统工程施工中的应用场合有哪些？

任务四 布线管材和器材

一、线管

线管可分为：

（1）塑料管：包括 PVC－U 管、高密度聚乙烯管。

（2）双壁波纹管：主要埋在地下。

（3）子管：使用在其他线管之中，将线缆分组。

二、线槽

线槽包括：

（1）各种 PVC 线槽；

（2）PVC 线槽的相关配件。

三、桥架

桥架可分为：

（1）槽式桥架；

（2）托盘式桥架；

（3）梯级式桥架。

桥架主要应用在旧楼改造和一些不利于布线的场合，在旧楼扩建、改造的时候，安置于走廊之中。

四、机柜

机柜可分为：

（1）立式机柜；

（2）壁挂式机柜；

（3）开放式机柜；

（4）服务器型机柜。

立式机柜和壁挂式机柜在布线工程中比较常用，开放式机柜主要用于实验环境下，服务器型机柜应用于高端布线。

五、信息面板与底盒

信息面板与底盒可分为：

（1）墙壁式信息面板与底盒；

（2）地面式信息面板与底盒；

（3）桌面式信息面板与底盒。

六、线缆整理器材

线缆整理器材包括：

（1）扎带；

（2）理线架；

（3）理线环。

七、线缆端接工具

线缆端接工具可分为：

（1）双绞线端接工具；

（2）光纤端接工具。

实训 参观网络工程施工现场

实训目的

通过参观施工现场等实践，认识综合布线的各种工具，了解综合布线各种施工工具的使用，掌握部分工具的使用方法。

实训内容

参观施工现场，认识综合布线工具（剥线刀、压线钳、打线刀、弯管器等），了解这些工具的使用，并掌握部分工具的使用方法。

实训过程

在学校实训部门的协助下，参观某个正在施工的布线工程项目，参观结束之后，让学生思考和回答以下问题。

（1）施工人员都使用了哪些布线工具?

（2）这些布线工具各有什么不同?

将班级学生分成若干组，在网络布线实训室完成以下任务：

1. 剥线

每组准备3把剥线刀、2把压线钳以及若干根50厘米左右的双绞线，让每个学生练习使用剥线器和压线钳剥线缆，体会两种工具的不同之处。

2. 压线钳的使用

每个学生要制作2根网线、1根直通线缆、1根交叉线缆。制作完成后，让学生使用测线仪测试其连通性，并注意观察指示灯的情况。

3. 打线刀的使用

每组准备五对打线刀和单口打线刀各1把，网络配线架和110配线架各1个，先观察两种打线刀的不同之处，然后使用打线刀将1根网线端接到配线架上。

4. 弯管器的使用

每组准备弯管器1只、20PVC线管若干，每个学生练习使用弯管器将线管弯成90度角。

实训总结

回答以上问题，完成实训总结，写出心得。

练习与思考

1. 简述综合布线工程中使用了哪些塑料管。
2. 简述机柜的种类有哪些。
3. 立式机柜的应用场合有哪些？
4. 理线器的作用是什么？它有几种安装方式？
5. 简述线缆端接工具有哪些。
6. 壁挂式机柜的应用场合有哪些？

任务五 建筑群子系统

一、建筑群子系统的规划

（1）环境美化要求：建筑群子系统的设计应充分考虑建筑群覆盖区域整体环境的美化要求。

（2）建筑群未来发展需要：在线缆布线设计时，要充分考虑各建筑物需要安装的信息点种类、数量，据此选择相应的干线电缆类型以及电缆铺设方法。

（3）线缆路由的选择：出于节省投资的目的，线缆路由应尽量选择距离短、线路平直的路由，但具体的路由还要根据各建筑物之间的地形或铺设条件而定。

（4）电缆引入要求：建筑群干线电缆、光缆进入建筑物时，都要设置引入设备。

（5）干线电缆、光缆交接要求：建筑群的干线电缆、主干光缆布线的交接不应多于 2 次。从每栋建筑物的楼层配线架到建筑群设备间的配线架之间只应通过 1 个建筑物配线架。

（6）电线缆的保护：当电缆从一栋建筑物到另一栋建筑物时，要考虑是否易受雷击、电源碰地、电源感应电压或低电压上升等因素的影响，必须保护这些线对。

二、建筑群子系统的布线距离

建筑群子系统的布线距离主要由两栋建筑物之间的距离来确定。一般在每个室外接线井里预留 1 米的线缆。

三、建筑群子系统的线缆布线方法

建筑群子系统的线缆布线方法有 4 种：

（1）架空布线法；

（2）直埋布线法；

（3）地下管道布线法；

（4）隧道内电缆布线法。

实训　参观校园网建筑群子系统

实训目的

通过参观校园网建筑群子系统等实践活动，了解综合布线系统中建筑群子系统的施工技术，理解建筑群子系统的施工方式和各种解决方法。

实训内容

（1）参观和访问采用综合布线系统构建的学校校园网；

（2）根据参观情况，绘制学校校园网络的布线分布图。

实训过程

步骤一：在学校实训部门的协助下，选择比较有代表性的校园网络建筑群子系统作为参观对象，在参观过程中，教师或网络管理员对建筑群子系统的情况进行介绍，学生根据实际的布线环境了解建筑群子系统的基本组成和施工技术，并对参观情况做详细的记录。参观结束后，让学生思考并回答以下问题：

（1）网络中心在什么位置？

（2）此网络的建筑群子系统包括哪些建筑物？

（3）此网络的建筑群子系统采用的是什么传输介质？

（4）此网络的建筑群子系统有什么地方设计得不够好？

（5）此网络的建筑群子系统的主要施工技术是什么？

（6）采取此种施工技术有什么优缺点？

（7）网络的出口带宽是多少？

步骤二：完成该建筑群子系统的网络布线分布图。

实训总结

回答以上问题，完成实训总结，并绘制出学校校园网络的布线分布图。

练习与思考

1. 建筑群子系统的电缆引入有何要求?
2. 建筑群子系统的线缆路由选择应遵循什么原则?
3. 设计建筑群子系统时，为何要考虑环境美化?
4. 建筑群子系统的干线电缆、光缆交接有何要求?
5. 建筑群子系统的布线距离如何计算?
6. 建筑群子系统的线缆布线方法有哪几种?
7. 试述地下管道布线法的优点。

项目二

基本技能实训

任务六　网络跳线制作

一、双绞线剥线

（1）剥开外绝缘护套。首先剪掉端头破损的双绞线，使用专门的剥线工具将需要端接的双绞线端头的外绝缘护套剥开，特别注意，不能损伤 8 根线芯的绝缘层，更不能损伤任何一根铜线芯。

（2）拆开 4 对双绞线。将已经剥去端头外皮的双绞线按照对应颜色拆分成 4 对单绞线。

（3）拆开单绞线。注意：制作 RJ－45 水晶头和拆开模块压接线需要的长度不同，水晶头制作一般需要 13 毫米的单绞线。

（4）进行配线端接。

二、跳线制作步骤

（1）剥开外绝缘护套；

（2）拆开 4 对双绞线；

（3）拆开单绞线；

（4）排好线序；

（5）剪齐线端；

（6）插入 RJ－45 水晶头；

（7）压接；

（8）测试。

三、学生练习

每人拿到 3 个水晶头和 1 条长度为 40 厘米左右的双绞线，进行网络跳线的制作。

四、测试结果

每组发放 1 个线缆测试仪，对制作的网络跳线进行连通性测试，并记录结果。

五、总结

引导学生总结网络跳线制作的操作要点，然后对共性错误进行重点提示。

实训　网络跳线制作

实训目的

利用 RJ－45 水晶头和双绞线，掌握网络跳线的制作方法。

双绞线的连接头国际上定义为 RJ－45 水晶头。RJ－45 水晶头由金属触片和塑料外壳构成，其前端有 8 个凹槽，简称“8P”（position，位置），凹槽内有 8 个金属触点，简称“8C”（contact，触点），因此 RJ－45 水晶头又称为“8P8C 接头”。端接水晶头时，要注意它的引脚次序，当金属片朝上时，1～8 的引脚次序应从左往右。

RJ－45 水晶头的连接按国际标准 T568A 或 T568B 排序。下面以国际标准 T568B 为例，介绍 RJ－45 水晶头的连接步骤。

实训内容

每人先用 2 个水晶头和 1 根双绞线练习，然后老师分组进行计时制作，测试学生做两条直通线所用的时间，再测试其连通性，并记录成绩。

实训过程

（1）剥线。用双绞线剥线器将双绞线塑料外皮剥去 2～3 厘米，如图 2－1 所示。

（2）排线。将绿色线对与蓝色线对放在中间位置，橙色线对与棕色线对放在靠外的位置，形成左一橙、左二蓝、左三绿、左四棕的线对次序，如图2－2 所示。

（3）理线。小心地剥开每一线对（开绞），并将线芯按国际标准 T568B 排序，特别是要将白绿线芯从蓝和白蓝线对上交叉至实训过程（2）排线位置中的 3 号位置，将线芯拉直压平、挤紧理顺，朝一个方向紧靠，如图 2－3 所示。

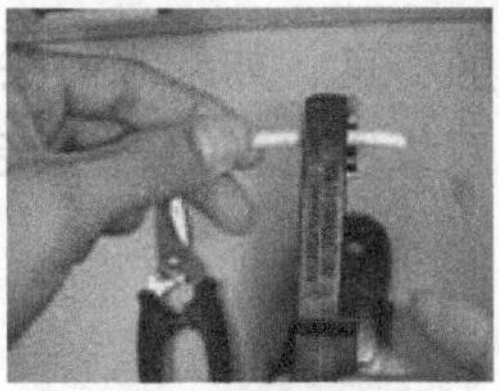

图 2－1　剥线

图 2－2　排线

图 2－3　理线

（4）剪切。将裸露出的双绞线芯用压线钳、剪刀、斜口钳等工具整齐地剪切，只剩下约 13 毫米的长度，如图 2－4 所示。

（5）插入。一只手用拇指和中指捏住水晶头，并用食指抵住，水晶头的方向是金属引脚朝上、弹片朝下；另一只手捏住双绞线，用力缓缓将双绞线8条导线依序插入水晶头，并一直插到8个凹槽顶端，如图2－5所示。

（6）检查。检查水晶头正面，查看线序是否正确；检查水晶头顶部，查看8根线芯是否都顶到了顶部，如图2－6所示。为减少水晶头的用量，前面步骤可重复练习，熟练后再进行下一步。

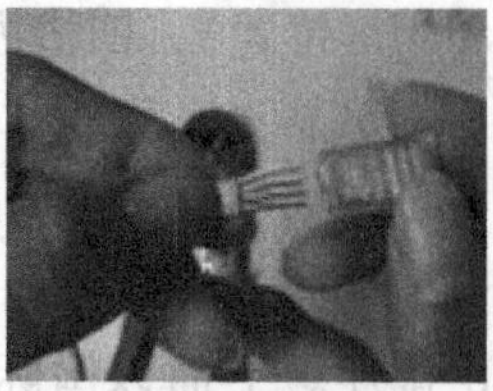
图2－4　剪剩下约13毫米长度

图2－5　插入

图2－6　检查

（7）压接。确认无误后，将RJ－45水晶头推入压线钳夹槽，用力握紧压线钳，将突出在外面的针脚全部压入RJ－45水晶头内，RJ－45水晶头连接完成，如图2－7、图2－8、图2－9所示。

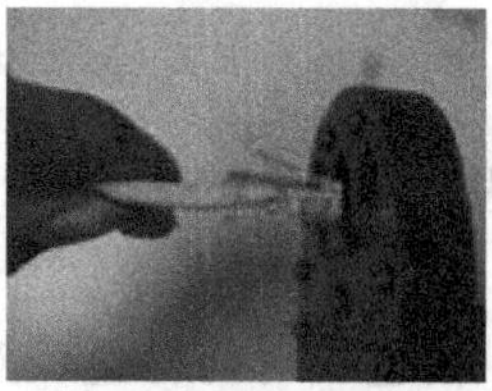
图2－7　推入压线钳夹槽

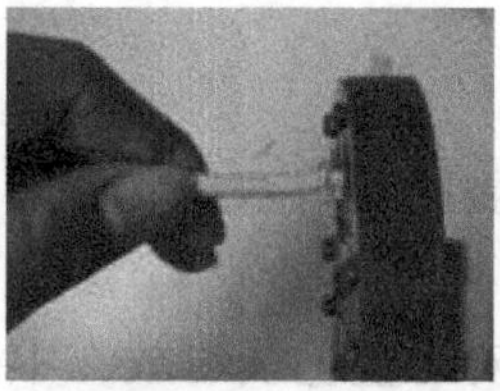
图2－8　把突出针脚压入水晶头内

图2－9　水晶头完成

（8）制作跳线。用同一标准在双绞线另一侧安装水晶头，完成直通网络跳线的制作。另一侧按国际标准T568A安装水晶头，则完成一条交叉网线的制作。

（9）测试。用综合布线实训台上的测试装置或工具箱中的简单线序测试仪对网络进行测试，会显示直通网线通过、交叉网线通过、开路、短路、反接、跨接等结果。

RJ－45水晶头的保护胶套可防止跳线拉扯时造成的接触不良，如果水晶头要使用这种胶套，需在连接RJ－45水晶头之前将胶套插在双绞线电缆上，连接完成后再将胶套套上。

实训总结 <<<

通过本次实训，掌握网络跳线的制作方法。

练习与思考

1. 双绞线剥线的步骤是什么？
2. 简述网络跳线的制作过程。
3. 使用屏蔽双绞线制作网络跳线时，可以用普通水晶头吗？
4. 大对数电缆的主要应用场合是什么？

任务七　信息插座的安装

一、信息插座的分类

信息插座的分类如下：

（1）86 型明装底盒；

（2）86 型暗装底盒；

（3）120 型地面底盒。

二、信息插座的安装准备

（1）设计一个多人办公室信息点，确定位置和数量，并且绘制设计图；

（2）掌握工程材料的核算方法，按照设计图，核算实训材料的规格和数量，列出材料清单；

（3）按照设计图，准备实训工具，列出工具清单；

（4）独立领取实训材料和工具；

（5）独立完成工作区信息点的安装。

三、安装信息插座所需的材料和工具

（1）86 型明装底盒和螺丝若干；

（2）单口面板、双口面板和螺丝若干；

（3）RJ-45 信息模块若干；

（4）网络双绞线若干；

（5）十字头螺丝刀（长度 150 毫米，用于固定螺丝），每人一把；

（6）压线钳（用于压接 RJ-45 信息模块），每人一把。

四、安装信息插座的操作要点

（1）设计工作区子系统；

（2）按照设计图，列出材料清单并且领取材料；

（3）根据实训需要，列出工具清单并且领取工具；

（4）安装底盒，按照设计图规定位置，用螺丝把底盒固定在实训装置的墙面上；

（5）穿线盒端接模块；

（6）安装信息面板；

（7）标记信息点。

实训　信息模块端接

实训目的

掌握不同类型的信息模块端接方法以及信息插座的正确安装方法。

实训内容

老师分组进行计时，计算学生利用一条双绞线，一头制作一个打线信息模块，另一头制作一个免打线信息模块所用的时间，再测试其连通性，并记录成绩。

实训过程

（1）将材料分给学生，分组准备实训操作。

（2）打线信息模块端接步骤：

①把线的外皮用剥线器剥去 2～3 厘米，如图 2－10 所示；

②用剪刀把撕裂绳剪掉，如图 2－11 所示；

③按照模块上的 B 标分好线对，并放入相应的位置，如图 2－12 所示；

④各个线对不用打开，直接放入相应位置，如图 2－13 所示；

⑤当线对都放入相应的位置后，检查各线对是否正确，如图 2－14 所示；

⑥用准备好的单口打线刀（刀要与模块垂直，刀口向外）逐条压入并剪断多余的线，如图 2－15 所示；

⑦把各线压入模块后再检查一次，如图 2－16 所示；

⑧检查无误后给模块安装保护帽，如图 2－17 所示；

⑨模块安装完毕，如图 2－18 所示。

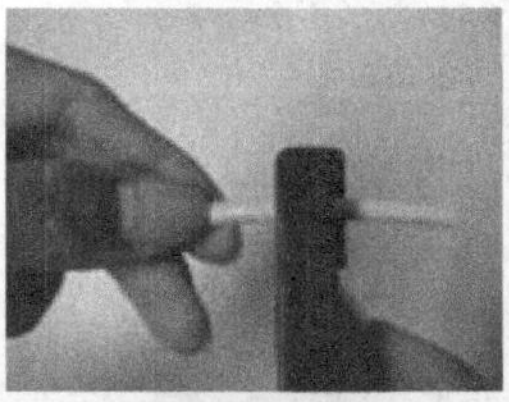

图 2－10　剥线

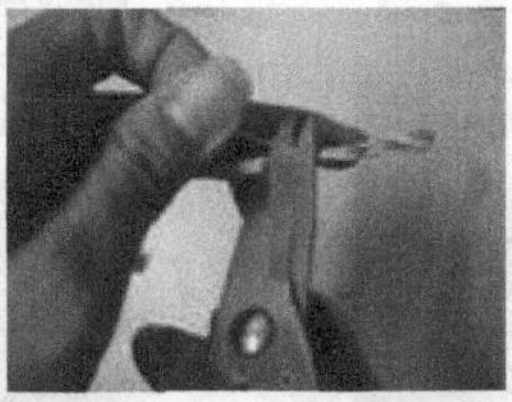

图 2－11　剪撕裂绳

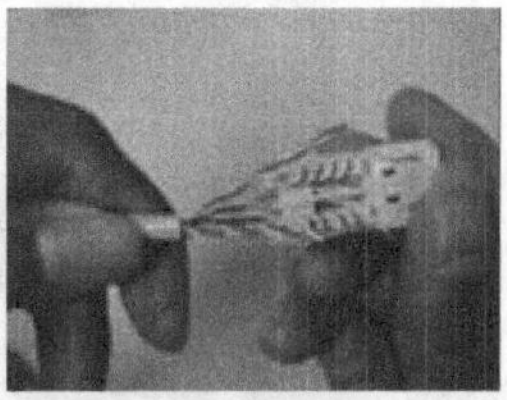

图 2－12　分好线对

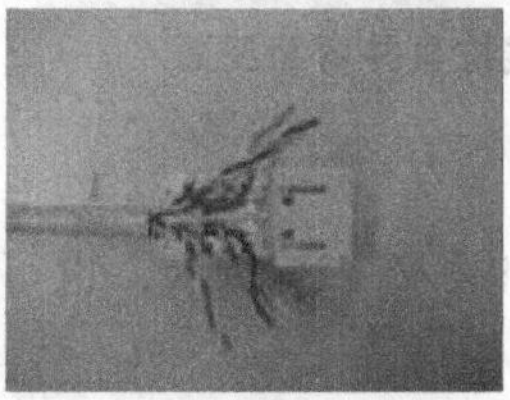

图 2－13　放入相应位置

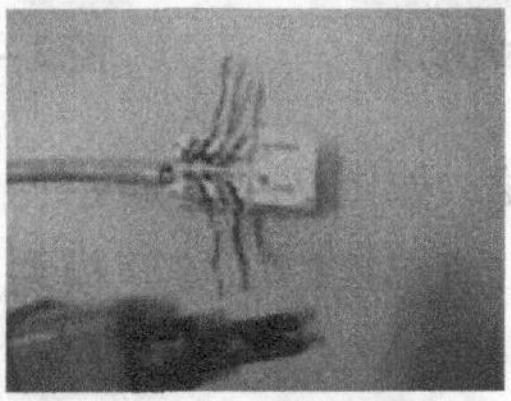

图 2－14　检查各线对

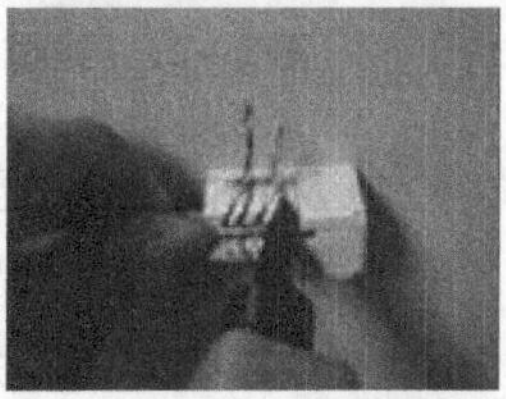

图 2－15　压入并剪断多余的线

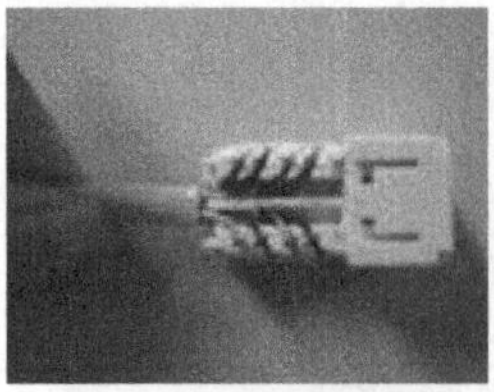

图 2-16　再次检查

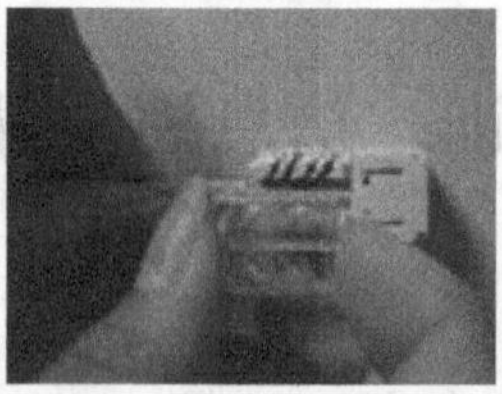

图 2-17　安装保护帽

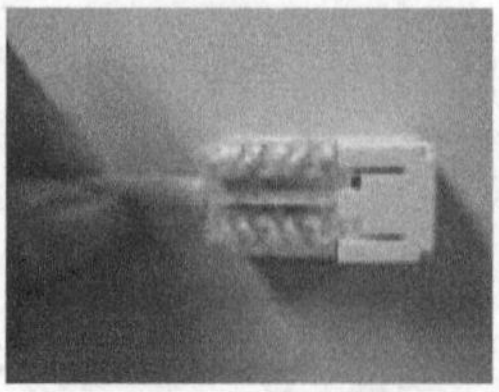

图 2-18　安装完毕

（3）免打线信息模块端接步骤：

免打线信息模块如图 2-19 所示。

①用剥线器将双绞线塑料外皮剥去 2~3 厘米；

②按信息模块扣锁端接帽上标定的 B 标或 A 标线序打开双绞线；

③理平、理直线缆，斜口剪齐导线（便于插入），如图 2-20 所示；

图 2-19　免打线信息模块

图 2-20　斜口剪齐导线

④将线缆按标示线序方向插入扣锁端接帽，注意开绞长度（至信息模块底座卡接点）不能超过 13 毫米，如图 2-21 所示；

⑤将多余导线拉直并弯至反面，如图 2-22 所示；

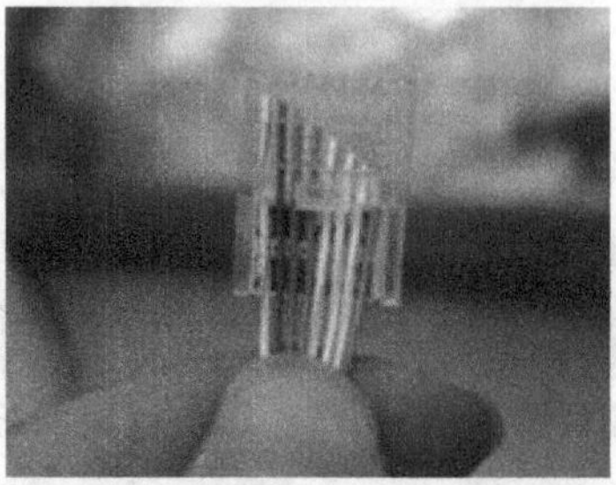

图 2-21　线缆插入扣锁端接帽

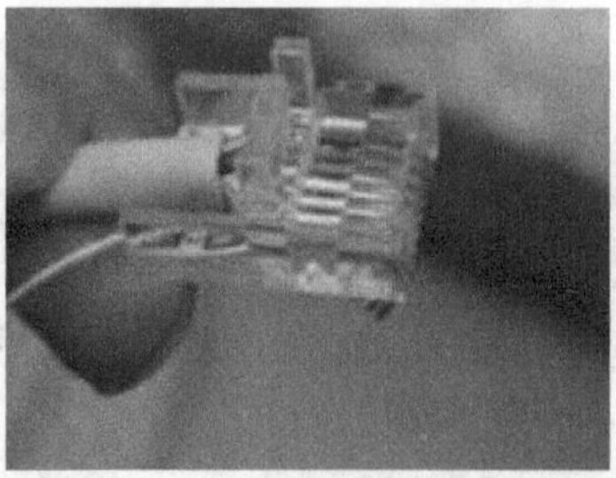

图 2-22　导线拉直并弯至反面

⑥从反面顶端处剪平导线，如图 2-23 所示；

⑦用压线钳的硬塑套将扣锁端接帽压接至模块底座，如图 2-24 所示，也可用图 2-25 所示的钳子压接；

⑧模块端接完成，如图 2-26 所示。

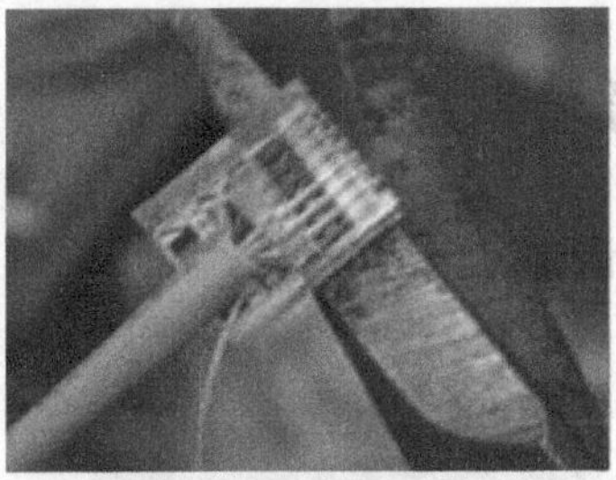

图 2－23　剪平导线

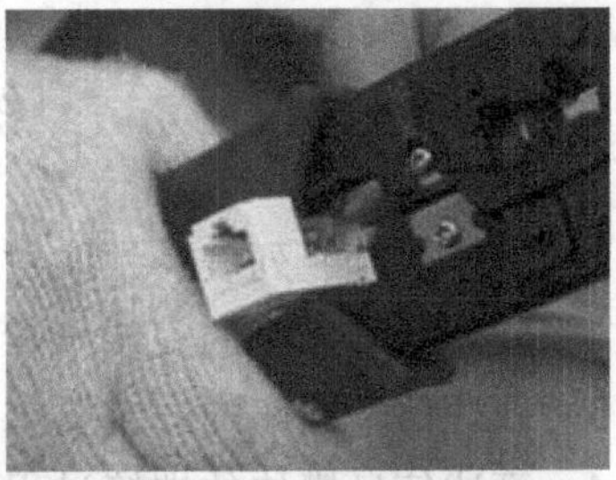

图 2－24　用压线钳的硬塑套压线

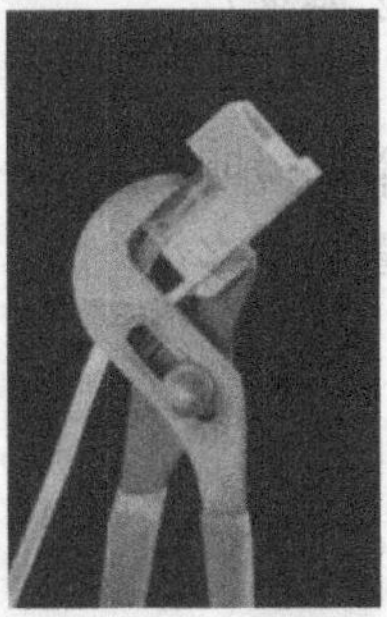

图 2－25　用钳子压接

图 2－26　模块端接完成

（4）信息插座的安装步骤：

①将双绞线从线槽或线管中通过进线孔拉入信息插座底盒中；

②为便于端接、维修和变更，线缆从底盒拉出后预留 15 厘米左右，将多余部分剪去；

③端接信息模块；

④将冗余线缆盘于底盒中；

⑤将信息模块插入面板中；

⑥合上面板，紧固螺钉，插入标识，完成安装。

实训总结

完成实训报告，写出实训心得。

练习与思考

1. 叙述核算、列表、领取材料和工具时应该注意什么。
2. 叙述信息插座的安装步骤。
3. 叙述信息插座的安装要求和操作要点。
4. 简述信息模块的端接过程。
5. 指纹考勤机、门禁系统信息点插座的安装有什么要求?
6. 明装底盒和暗装底盒的区别是什么?
7. 明装底盒和暗装底盒分别应用在哪些场合?请举例说明。
8. 通常情况下,信息插座的安装位置距离地面的高度是多少?

任务八　工作区子系统的工程施工

一、标准要求

根据《综合布线系统工程设计规范》（GB50311－2007）的要求，工作区子系统的安装标准如下：

（1）安装在地面上的接线盒应用抗压的防水盒；

（2）安装在墙面或柱子上的信息插座底盒、多用户信息插座及集合点配线箱体的底部距离地面的高度宜为30毫米左右；

（3）每个工作区至少应配置一个220伏交流电源插座。

二、信息点安装位置

介绍完工作区的安装标准后，我们来看看下面几种不同类型的建筑物的信息点的安装位置是否有所不同。

（1）教学楼、学生公寓、实验楼、住宅楼等不需要进行二次区域分割的工作区，信息点应该安装在什么位置？

（2）写字楼、商业大厅等需要进行二次分割和装修的区域，信息点应该安装在什么位置？

（3）指纹考勤机、门禁系统信息点插座的高度宜参考设备的安装高度设置。

三、底盒安装

网络信息插座底盒按照材料的不同一般分为金属底盒和塑料底盒；按照安装方式的不同一般分为暗装底盒和明装底盒；按照配套面板规格的不同一般分为86型和120型。

1．底盒安装要点

（1）明装底盒经常在墙面明装方式的改建工程中使用，一般为白色塑料盒，固定在墙面上；

（2）暗装底盒一般在新建项目和装饰工程中使用，暗装底盒常见的有金属和塑料两种，暗装底盒只能安装在墙面或装饰隔断层内，安装面板后就隐蔽起来；

（3）地面安装网络信息插座时，盖板必须具有防水、抗压和防尘功能。

2. 底盒安装步骤

安装各种底盒时，一般按照下列步骤：

（1）目测产品的外观是否合格；

（2）取掉底盒的挡板；

（3）固定底盒；

（4）成品保护。

四、面板安装

面板安装是网络信息插座安装的最后一道工序，一般应该在端接模块后立即进行，以保护模块。

实训 工作区子系统的安装

实训目的

通过实训，深入掌握工作区的覆盖范围，掌握工作区中信息插座的安装方法及使用网络跳线连接个人电脑的方法。

实训内容

在实训墙上完成信息插座的安装，并使用自制双绞线连接信息插座到个人电脑。

实训过程

（1）将双绞线从线槽或线管中通过进线孔拉入信息插座底盒；

（2）为便于端接、维修和变更，线缆从底盒拉出后预留 15 厘米左右，将多余部分剪去；

（3）完成信息模块的端接；

（4）将冗余线缆盘于底盒中；

（5）将信息模块插入面板中；

（6）合上面板，紧固螺钉，插入标识，完成安装；

（7）自制网络跳线，注意跳线的长度不要超过 5 米；

（8）连接信息面板和个人电脑。

实训总结

完成实训报告，写出实训心得。

练习与思考

1. 信息点安装位置有什么要求？
2. 地面接线盒和墙面接线盒的区别是什么？
3. 地面接线盒和墙面接线盒分别应用在哪些场合？

任务九　配线子系统 PVC 线槽施工

《综合布线系统工程设计规范》（GB50311－2007）第 6 章“安装工艺要求”对配线子系统布线的安装工艺提出了具体要求。

一、布线曲率半径

在配线子系统布线时，线缆的布放必须符合国家标准，不能过小，线缆不要与管口形成 90 度拉线。穿线时，必须有专人放线和护线，以保持线缆在管口处形成比较大的曲率半径。

二、配线子系统的施工程序

1．暗埋线缆的施工程序

配线子系统暗埋线缆的施工程序为：土建埋管→穿钢丝→安装底盒→穿线→标记→压接模块→标记。

2．明装线槽布线的施工程序

配线子系统明装线槽布线的施工一般从安装信息点底盒开始，程序为：安装底盒→钉线槽→布线→装线槽盖板→压接模块→标记。

三、布线拉力

有经验的安装者一般会采取慢速而平稳的拉线方式，而不是快速的拉线方式，因为快速拉线通常会造成线的缠绕。

拉力过大，线缆变形，会破坏线缆对绞的匀称性，导致线缆传输性能下降。

四、安全施工

安全施工是施工过程的重中之重，施工现场工作人员必须严格按照安全生产、文明施工的要求，积极推行施工现场的标准化管理，按设计方案科学组织施工。

五、PVC 线槽成型步骤

1．PVC 线槽水平直角成型步骤

（1）先对线槽的长度进行定点，如图 2－27 所示；

（2）将定点连成线段，如图 2－28 所示；

（3）以这条线段为直角线画一个等边直角三角形，如图 2－29 所示；

（4）在线槽另一侧画线，如图 2－30 所示；

（5）以线为边进行裁剪，如图 2－31 所示；

（6）把这个三角形和侧面剪去，如图 2－32 所示；

（7）裁剪后的效果，如图 2－33 所示；
（8）把线槽弯曲成型，如图 2－34 所示。

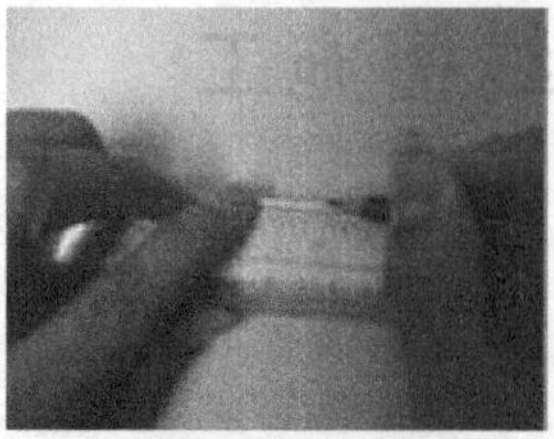
图 2－27　定点

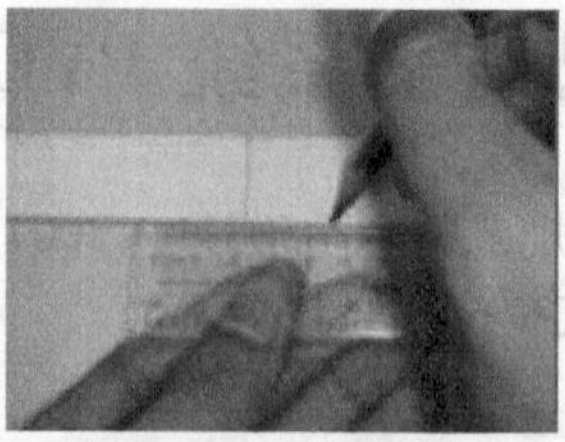
图 2－28　连成线段

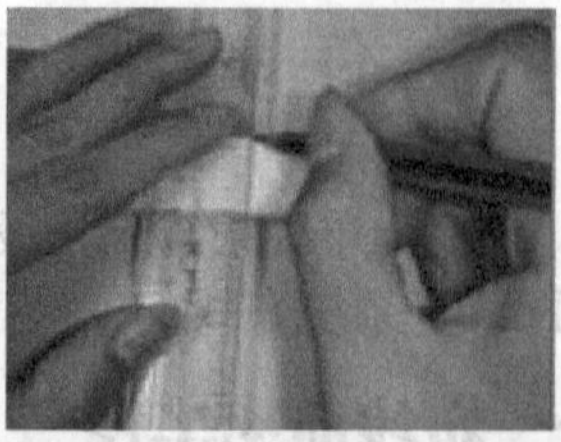
图 2－29　画等边直角三角形

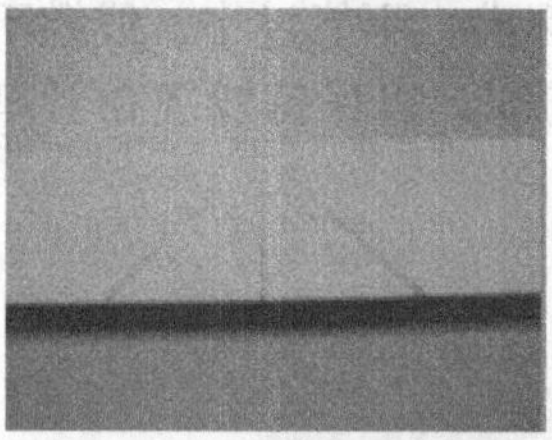
图 2－30　在线槽另一侧画线

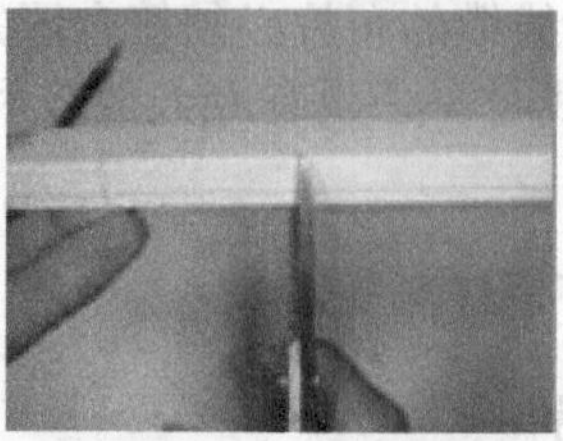
图 2－31　裁剪

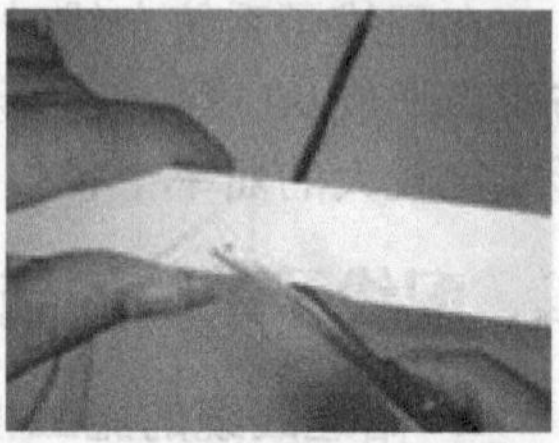
图 2－32　剪去三角形和侧面

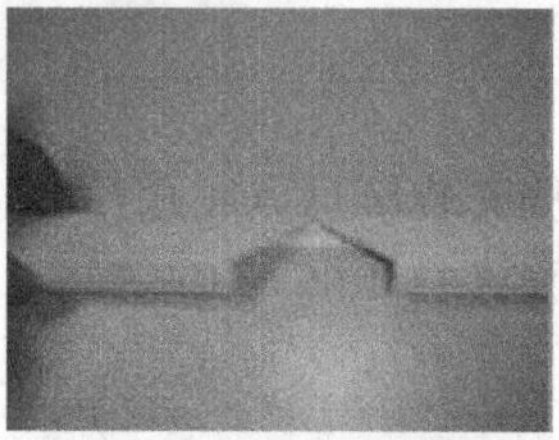
图 2－33　裁剪后的效果

图 2－34　把线槽弯曲成型

2. PVC 线槽非水平直角成型（内弯角成型）步骤

（1）先对线槽的长度进行定点，如图 2－35 所示；
（2）在定点之间画一条线段，如图 2－36 所示；
（3）以这条线段为直角线画一个等边直角三角形，如图 2－37 所示；
（4）画好的效果如图 2－38 所示；
（5）在线槽另一侧画线，如图 2－39 所示；
（6）把这个三角形剪去，如图 2－40 所示；
（7）把线槽弯曲成型，如图 2－41 所示。

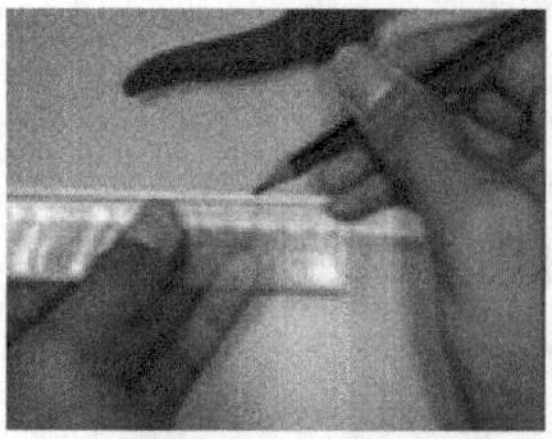
图 2－35　定点

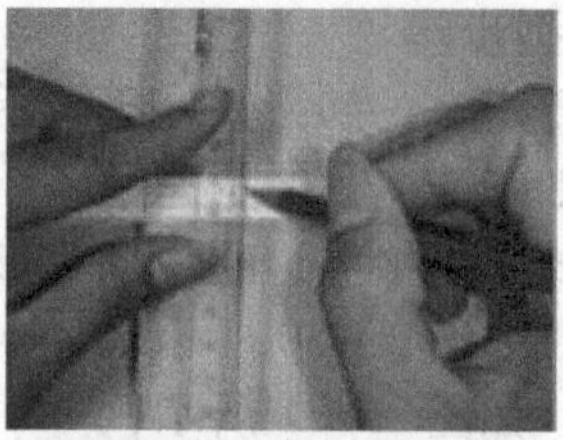
图 2－36　画一条线段

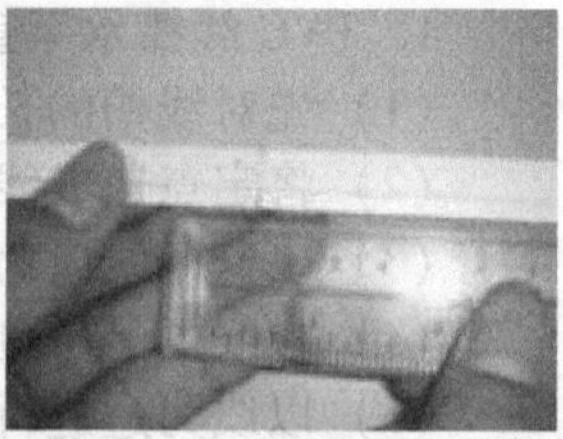
图 2－37　画等边直角三角形

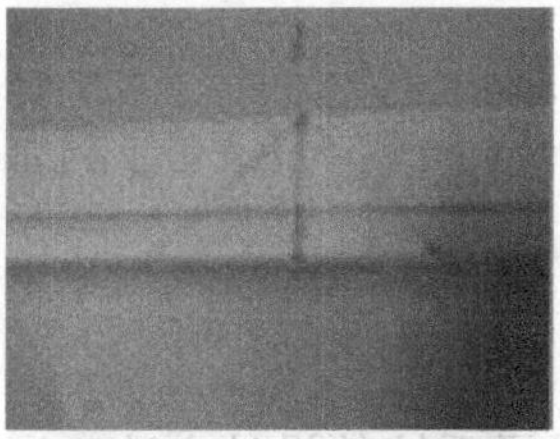
图 2-38　画好的效果

图 2-39　在线槽另一侧画线

图 2-40　剪去三角形

图 2-41　把线槽弯曲成型

3. PVC 线槽非水平直角成型（外弯角成型）步骤

（1）先对线槽的长度进行定点，如图 2-42 所示；

（2）将两个定点连成一条线段并根据这条线段在另一侧定点，如图 2-43 所示；

（3）在线槽的另一侧画直线，如图 2-44 所示；

（4）用剪刀剪去线槽两侧，如图 2-45 所示；

（5）把线槽弯曲，如图 2-46 所示；

（6）最后得到外弯角，如图 2-47 所示。

图 2-42　定点

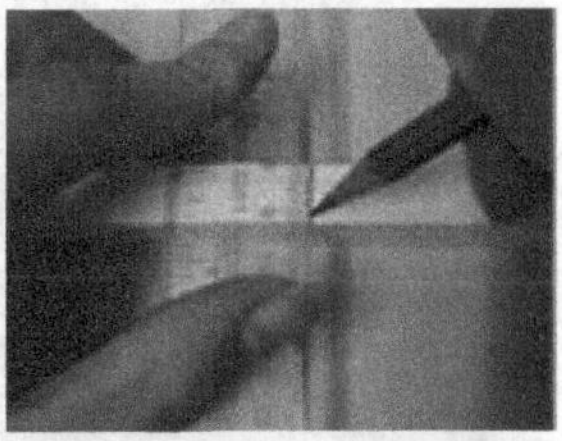
图 2-43　画一条线段并以这条线段在另一侧定点

图 2-44　在线槽另一侧画线

图 2-45　剪去线槽两侧

图 2-46　把线槽弯曲

图 2-47　外弯角

实训 PVC 线槽的布线施工

实训目的

通过确定配线子系统布线路径和距离，熟练掌握配线子系统的设计方法；通过线槽的安装和穿线等，熟练掌握配线子系统的施工方法。

实训内容

（1）设计配线子系统的布线路径和方式，并绘制施工图；

（2）独立完成配线子系统的线槽安装和布线，掌握 PVC 线槽、盖板、阴角、阳角、三通的安装方法和技巧。

实训过程

使用 PVC 线槽设计一个从信息点到楼层机柜的配线子系统，并绘制施工图。3 ~4 人成立一个项目组，选举项目负责人，每人设计一种配线子系统布线路径，并绘制施工图，参考图 2 -48。项目负责人指定一种设计方案进行实训。

图 2 -48　配线子系统布线路径

（1）掌握工程材料的核算方法，按照设计图，核算实训材料的规格和数量，列出材料清单；

（2）按照设计图的需要，列出实训工具清单，领取实训材料和工具；

（3）首先量好线槽的长度，再使用电动起子在线槽上开 8 毫米的孔，开孔位置必须与实训装置安装孔对应，每段线槽至少开 2 个安装孔；

（4）使用螺钉把线槽固定在实训装置上，拐弯处必须使用专用接头；

（5）在线槽布线，边布线边装盖板；

（6）布线和盖板后，必须做好线标。

实训总结 <<<

叙述配线子系统的布线施工程序和要求，总结实训体会和技巧，完成实训报告，写出实训心得。

练习与思考

1. 施工前必须做好哪些准备工作?
2. 布线技术中路由选择应注意什么?
3. 槽管大小选择的计算方法是什么?
4. 桥架布线施工的程序是什么?
5. 配线子系统明装线槽布线的施工程序是什么?
6. 配线子系统的电力电缆距离有什么要求?
7. 试述配线子系统布线距离的计算方法。

任务十 管理间子系统的概念及设计

一、管理间子系统的概念

管理间子系统由交连、互连和输入/输出等设备组成。管理间子系统是连接垂直干线子系统和配线子系统的设备，包括配线架、交换机、机柜和电源。

二、管理间子系统的划分原则

（1）管理间主要是安装配线设备和楼层计算机网络设备的场地，也可考虑在该场地设置线缆竖井、等电位接地体、电源插座、UPS 配电箱等设施。

（2）现在，许多大楼在综合布线时都考虑在每一楼层设立一个管理间。

（3）管理间设置在楼层配线房间，是水平系统电缆端接的场所，也是主干系统电缆端接的场所。

（4）管理间以配线架为主要设备。

（5）管理间面积的大小一般根据信息点的多少来确定：如果信息点多，就应该考虑设置一个单独的房间来放置；如果信息点少，也可采用在墙面安装机柜的方式。

三、管理间子系统的设计要点

（1）管理间数量的确定：每个楼层一般至少设置一个管理间，如果每层信息点数量较少，且水平线缆长度不大于 90 米，宜几个楼层设置一个共同的管理间。

（2）管理间面积：《综合布线系统工程设计规范》（GB50311－2007）规定，管理间的使用面积不应小于 5 平方米，也可根据工程中配线管理和网络管理的内容进行调整。

（3）管理间电源要求：管理间应提供不少于 2 个 220 伏带接地保护的单相电源插座。

（4）管理间门要求：应采用外开丙级防火门，门宽大于 0.7 米。

（5）管理间环境要求：温度宜为 10～30 摄氏度，相对湿度宜为 20%～80%，一般应考虑网络交换机等设备发热对管理间温度的影响，在夏季必须保持管理间温度不超过 35 摄氏度。

实训　管理间子系统壁挂式机柜的安装

实训目的

通过常用壁挂式机柜的安装，了解机柜的布线原则、安装方法及使用要求；通过壁挂式机柜的安装，熟悉常用壁挂式机柜的规格和性能。

实训内容

（1）完成壁挂式机柜的定位；

（2）完成壁挂式机柜的墙面固定安装。

实训过程

（1）准备实训工具，列出实训工具清单。

（2）领取实训材料和工具。

（3）确定壁挂式机柜的安装位置。

壁挂式机柜一般安装在墙面，必须避开电源线路，高度在1.8米以上。安装前，现场用纸板比对机柜上的安装孔，做一个样板，按照样板孔的位置在墙面开孔，安装4个10～20毫米的膨胀螺栓，然后将机柜安装在墙面，引入电源。

3～5人组成一个项目组，选出项目负责人，每组设计一种设备安装系统，并且绘制施工图。项目负责人制订一种设计方案进行实训。

（4）准备好需要安装的设备——壁挂式机柜，使用实训专用螺丝，在设计好的位置安装壁挂式机柜，用螺丝固定。

（5）安装完毕，对设备进行编号。

实训总结

（1）画出壁挂式机柜的安装位置示意图；

（2）写出常用壁挂式机柜的规格；

（3）陈述实训程序或步骤以及安装时的注意事项；

（4）总结实训体会和操作技巧。

练习与思考

1. 什么是管理间子系统?
2. 管理间子系统的主要组成设备都有哪些?
3. 管理间是否必须是一个单独的房间?
4. 什么情况下一层楼只设置一个管理间就可以了?
5. 当信息点多于400个时，应设置多少个管理间?
6. 管理间需要多少电源?
7. 管理间的面积一般是多少平方米?
8. 管理间的温度和湿度要求分别在什么范围?

任务十一　管理间子系统的工程施工

一、管理间子系统的安装要求

1. 机柜的安装要求

一般情况下，综合布线系统的配线设备和计算机网络设备采用19英寸标准机柜，共有42U的安装空间，机柜内可安装光纤连接盘、RJ-45（24口）配线模块、多线对卡接模块、理线架、计算机HUB/SW设备等。

对于管理间子系统来说，多数情况下采用6U~12U的壁挂式机柜，一般安装在每个楼层的竖井或者楼道中间位置。安装过程中采用三角支架或者膨胀螺栓固定机柜。

2. 电源的安装要求

管理间的电源一般安装在机柜旁边，安装220伏（三孔）电源插座。如果是新建筑，一般要求在土建施工过程中按照弱电设计施工图上标注的位置安装到位。

3. 通信跳线架的安装要求

通信跳线架主要用于语音配线系统，一般采用110跳线架。跳线架主要负责从上级程控交换机到桌面终端的语音信息点之间的连接线的连接和跳线部分，便于管理、维护、测试。具体安装步骤如下：

（1）取出110跳线架及附带螺丝；

（2）利用十字头螺丝刀和螺丝把110跳线架直接固定在网络机柜的立柱上；

（3）理线；

（4）按打线标准把每个线芯按照安装顺序压在跳线架下层模块端接口中；

（5）把5对连接模块用力压接在110跳线架上，完成下层端接。

4. 网络配线架的安装要求

网络配线架的安装要求如下：

（1）在机柜内部安装配线架前，首先要进行设备位置规划或在安装图纸上确定位置，统一考虑机柜内部的跳线架、配线架、理线环、交换机等设备，同时考虑配线架与交换机之间跳线是否方便。

（2）线缆采用地面出线方式时，一般是从机柜底部传入机柜内部，配线架宜安装在机柜下部；采用桥架出线方式时，一般是从机柜顶部传入机柜内部，配线架宜安装在机柜上部；采用从机柜侧面传入机柜内部的出线方式时，配线架宜安装在机柜中部。

（3）配线架应安装在左右对应的孔中，水平误差不大于2毫米，绝不允许左右孔错位安装。

5．交换机的安装要求

交换机安装前应首先检查产品外包装是否完整，并开箱检查产品，还要注意收集和保存配套资料。将交换机放到机柜中提前设计好的位置，用螺丝固定到机柜立柱上，一般交换机上下要预留一些空间以便空气流通和设备散热。

二、管理间子系统的标号与标记

管理间子系统是综合布线系统的线路管理区域，其线路、管理器件及跳线都必须做好标记，标明位置、用途等信息。一般常用标记有电缆标记、场标记和插入标记。

实训　110 语音配线架端接

实训目的

掌握 110 语音配线架的端接方法。

实训材料及工具

25 对大对数双绞线、4 对 UTP 双绞线、19 英寸 110 语音配线架、剥线钳、压线钳、110 打线工具、PVC 扎带。

实训过程

（1）将配线架固定到机柜合适位置。

（2）从机柜进线处开始整理电缆，沿机柜两侧整理至配线架处，并留出大约 25 厘米的大对数电缆，用电工刀或剪刀把大对数电缆的外皮剥去，使用扎带固定好电缆，将电缆穿进 110 语音配线架左右两侧的进线孔，摆放至配线架打线处。

①把 25 对大对数双绞线固定在机柜上，如图 2－49 所示。

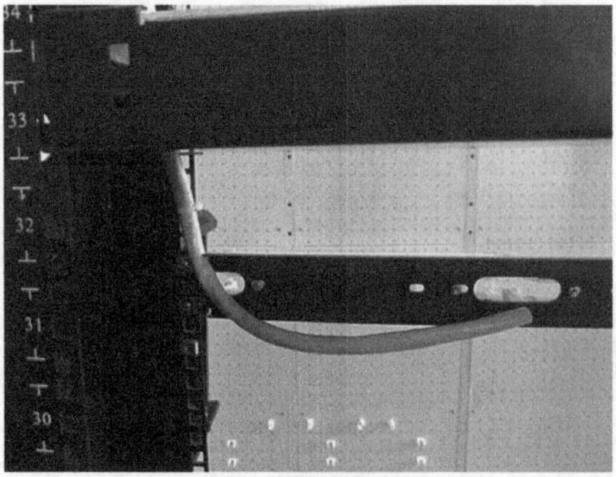

图 2－49　固定在机柜上

②用刀把大对数电缆外皮割开，如图 2－50 所示。

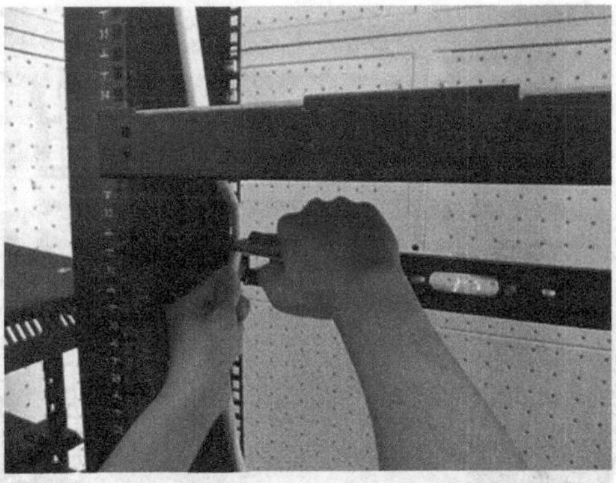

图 2－50　割开大对数电缆外皮

③把线的外皮剥去，如图 2－51 所示。

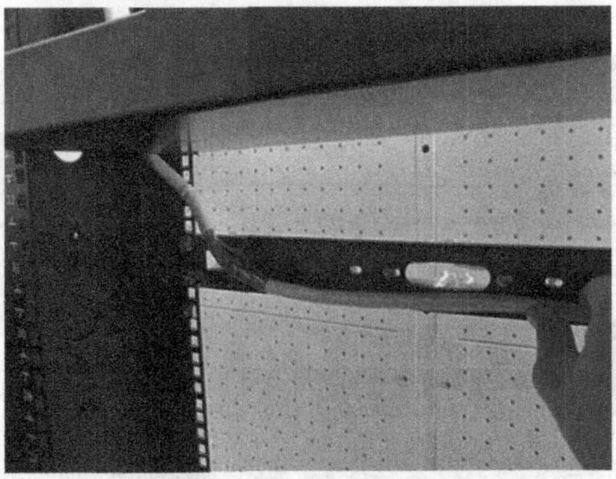

图 2－51　剥去外皮

④用剪刀把撕裂绳剪掉，如图 2－52 所示。

图 2－52　剪掉撕裂绳

⑤把所有线对插入110语音配线架进线口，如图2－53所示。

图2－53　插入110语音配线架进线口

⑥按大对数分线原则进行分线，如图2－54所示。

图2－54　分线

（3）把25对线缆进行线序排线，首先进行主色分配，再进行配色分配，标准分配原则如下：

通信电缆色谱排列中，线缆主色为：白、红、黑、黄、紫。线缆配色为：蓝、橙、绿、棕、灰。一组线缆为25对，以色带来分组，一共有25组，分别为：

①白蓝、白橙、白绿、白棕、白灰；

②红蓝、红橙、红绿、红棕、红灰；

③黑蓝、黑橙、黑绿、黑棕、黑灰；

④黄蓝、黄橙、黄绿、黄棕、黄灰；

⑤紫蓝、紫橙、紫绿、紫棕、紫灰。

1～25 对线缆为第一小组，用白蓝相间的色带缠绕；

26～50 对线缆为第二小组，用白橙相间的色带缠绕；

51～75 对线缆为第三小组，用白绿相间的色带缠绕；

76～100 对线缆为第四小组，用白棕相间的色带缠绕。

此 100 对线缆为 1 大组，用白蓝相间的色带把 4 小组缠绕在一起。然后，再 200 对、300 对、400 对……2 400 对，如此类推。

（4）根据电缆色谱（从左到右）的排列顺序，将对应颜色的线对逐一压入槽内，然后使用打线工具固定线对连接，同时将伸出槽位外的多余导线切断。

①先按主色排列，如图 2－55 所示。

图 2－55 按主色排列的线对

②按主色里的配色排列，如图 2－56 所示。

图 2－56 按主色的配色排列的线对

③排列后把线卡入相应位置，如图 2－57 所示。

图 2－57　把线卡入相应位置

④卡好后的效果，如图 2－58 所示。

图 2－58　卡好后的效果

⑤用准备好的单口打线刀逐条压入并切断多余的线段（刀要与配线架垂直，刀口向外），如图 2－59 所示。

图 2－59　用单口打线刀压入并切断多余线段

⑥完成后的效果，如图 2－60 所示。

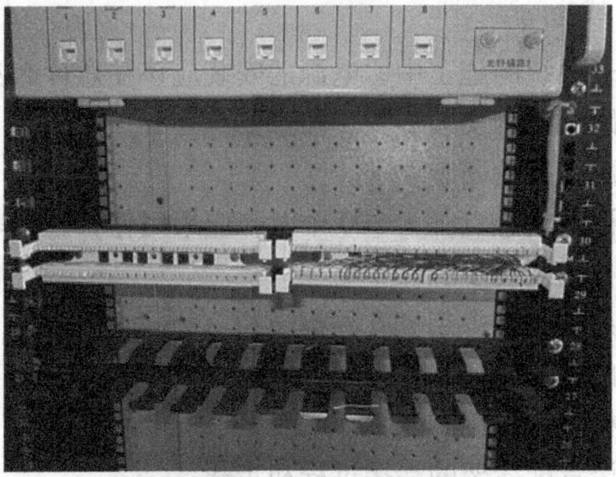

图 2－60　完成后的效果

（5）把线对逐一压入槽内，再用五对打线刀，把 110 语音配线架的连接端子压入槽内，并贴上编号标签。

图 2－61　压入槽内

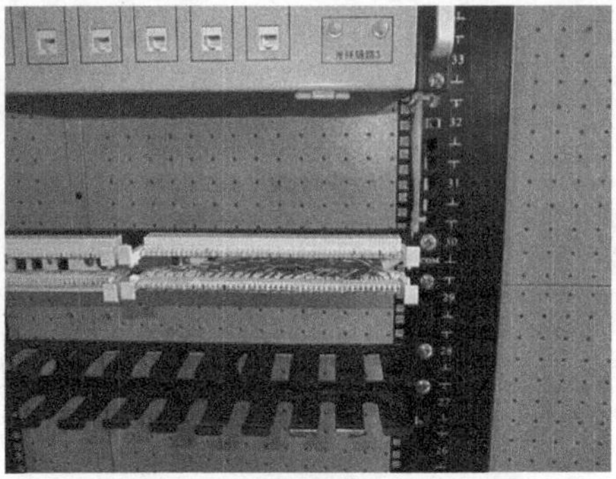

图 2－62　连接端子压入完成

实训总结

陈述实训程序或步骤以及安装时的注意事项，总结实训体会和操作技巧，完成实训报告，写出实训心得。

练习与思考

1. 在管理间子系统的施工中，电源的安装应该注意什么？
2. 简述通信跳线架的安装步骤、注意要点。
3. 简述网络配线架的安装要求。
4. 当数据和语音信息点都为200个时，应采用什么设备来满足需求？
5. 简述交换机的安装步骤。
6. 综合布线系统通常采用哪几种标记？
7. 电缆标记的作用是什么？
8. 试述现场标记的作用和意义。
9. 简述110语音配线架的端接过程和步骤。

任务十二 干线子系统的工程施工

一、干线子系统的标准要求

《综合布线系统工程设计规范》（GB50311－2007）第6章“安装工艺要求”规定，干线子系统垂直通道穿过楼板时宜采用电缆竖井的方式，也可采用电缆孔、管槽的方式，电缆竖井的位置应上下对齐。

二、干线子系统的选择

1. 布线线缆的选择

根据建筑物的结构特点以及应用系统的类型来决定选用干线线缆的类型。在干线子系统设计中常用以下5种线缆：

（1）4对双绞线电缆；

（2）100Ω大对数对绞电缆；

（3）62.5/125微米多模光缆；

（4）8.3/125微米单模光缆；

（5）75Ω有线电视同轴电缆。

2. 垂直通道的选择

干线子系统垂直通道有3种方式可供选择：

（1）电缆孔方式；

（2）管道方式，包括明管和暗管铺设；

（3）电缆竖井方式，在新建工程中，推荐使用电缆竖井方式。

三、干线子系统的线缆绑扎

对电缆、光缆及其他信号电缆应根据线缆的类别、数量、缆径、线缆芯数分别绑扎。

绑扎间距不宜大于1.5米，间距应均匀，防止线缆因重量不均产生拉力造成变形，故不宜绑扎过紧使线缆受到挤压。

四、干线子系统的线缆铺设方式

在竖井中铺设垂直干线一般有两种方式：向下垂放线缆和向上牵引线缆。相比较而言，向下垂放比向上牵引容易。向上牵引线缆需要使用电动牵引绞车。

实训　干线子系统向下垂放线缆

实训目的

通过完成干线子系统向下垂放线缆实训，熟练掌握干线子系统的布线施工技巧，锻炼学生的实际操作能力。

实训内容

（1）准备实训工具，列出实训工具清单；

（2）领取实训材料和工具；

（3）完成干线子系统向下垂放线缆实训。

实训过程

（1）电缆垂放前应在始端贴上标签，标注电缆编号，经由垂直孔洞向下垂放干线电缆；

（2）把线缆卷轴搬到实训墙的高层；

（3）在隔离层的垂直孔洞旁安装好线缆卷轴，并从卷轴顶部放线；

（4）在线缆卷轴处至少安排一名布线施工人员，以便引入下垂的线缆；

（5）开始旋转卷轴，将线缆从卷轴上拉出；

（6）将拉出的线缆引导进竖井中的孔洞，此前应先在孔洞中安放一个塑料的套状保护物，以防止孔洞不光滑的边缘擦破线缆的外皮；

（7）慢慢地从卷轴上释放电缆，使其进入孔洞并向下布放；

（8）重复上面步骤，完成多条垂直线缆的布放。

实训总结

陈述实训程序或步骤以及安装时的注意事项，总结实训体会和操作技巧，完成实训报告，写出实训心得。

练习与思考

1. 干线子系统的安装工程中，最基本的要求是什么？
2. 干线子系统布线线缆常选择哪几种线缆？
3. 干线子系统布线可以选择哪几种垂直通道？
4. 干线子系统垂直通道选择电缆竖井方式有什么优点？
5. 干线子系统的线缆容量如何计算？
6. 干线子系统的线缆绑扎有什么要求？
7. 向下垂放线缆的一般步骤是什么？
8. 向下垂放线缆和向上牵引线缆哪种方式更容易，为什么？

任务十三 设备间子系统的概念及设计

一、设备间子系统的概念

设备间子系统是一个集中化的设备区，它连接各系统的公共设备，并通过干线子系统连接至管理间子系统。

设备间子系统是大楼中数据、语音垂直主干线缆终接的场所，也是建筑群的线缆进入建筑物终接的场所。设备间子系统一般设在建筑物中部或在建筑物的一、二层，避免设在顶层、地下室，位置不应远离电梯，而且要为以后的扩展留下余地。

二、设备间的位置设计

（1）应尽量建在综合布线干线子系统的中间位置，并尽可能靠近建筑物电缆引入区和网络接口，以方便线缆的进出；

（2）应尽量避免设在建筑物的高层、地下室以及用水设备的下层；

（3）应尽量远离强振动源和强噪声源；

（4）应尽量避免电磁场的干扰；

（5）应尽量远离有害气体源以及易腐蚀、易燃、易爆物；

（6）应便于接地装置的安装。

三、设备间的建筑结构

设备间的楼板承重设计一般分为两级：

（1）A 级≥500 千克/平方米；

（2）B 级≥300 千克/平方米。

四、设备间的环境要求

（1）温度、湿度；

（2）尘埃；

（3）空气；

（4）照明；

（5）噪声；

（6）电磁干扰；

（7）供电系统。

五、设备间内的设备管理

设备间内的设备种类繁多，而且线缆布设复杂。为了管理好各种设备及线缆，设备间内的设备应该分类、分区安装，设备间内所有进出线装置或设备应采用不同色标，以区别不同用途的配线区，方便线路的维护和管理。

实训　立式机柜的安装

实训目的

通过立式机柜的安装，了解机柜的布置原则、安装方法以及使用要求；掌握机柜门板的拆卸和安装方法。

实训内容

完成立式机柜的定位、地脚螺丝的调整、门板的拆卸和重新安装。

实训材料及工具

立式机柜 1 个；十字头螺丝刀 1 把，长度 150 毫米，用于固定螺丝；五米卷尺 1 个。

实训过程

（1）准备实训工具，列出实训工具清单；

（2）领取实训材料和工具；

（3）确定立式机柜的安装位置，在管理间、设备间或机房布置立式机柜时必须考虑远离配电箱，四周保证有 1 米左右的通道和检修空间；

（4）确定实际测量尺寸；

（5）贮备好需要安装的设备——立式机柜，将机柜就位，然后将机柜底部的定位螺栓向下旋转，将 4 个轱辘悬空，保证机柜不能转动；

（6）安装完毕后，学习机柜门板的卸载和安装。

实训总结

陈述实训步骤以及安装时的注意事项，总结实训体会和操作技巧，完成实训报告，写出实训心得。

练习与思考

1. 设备间的覆盖范围是什么?
2. 设备间内的主要设备是什么?
3. 设备间环境的温度和湿度标准是什么?
4. 设备间位置的选择一般要考虑哪些因素?
5. 设备间的面积如何确定?
6. 设备间接地有何要求?
7. 设备间内的线缆铺设方式有哪几种?

任务十四　设备间子系统的工程施工

一、设备间子系统的标准要求

每栋建筑物至少应设置 1 个设备间，如果电话交换机与计算机网络设备分别安装在不同的场地，则可根据安全需要，设置 2 个或 2 个以上设备间，以满足不同业务的设备安装需要。

如果一个设备间以 10 平方米计算，大约能安装 5 个 19 英寸的机柜。在机柜中安装大对数电话电缆多对卡接式模块、数据主干线缆配线设备模块，大约能支持总量为 6 000 个的信息点所需的建筑物配线设备安装空间。

二、设备间的线缆铺设方式

1．活动地板方式

这种方式有较高的灵活性，便于维护管理，但造价较高，会减少房屋的净高，对地板表面材料也有一定要求，例如耐冲击性、耐火性、抗静电性、稳固性等。

2．地板或墙壁内沟槽方式

沟槽是在建筑中预先制成的，因此在使用中会受到限制，线缆路由不能自由选择和变动。

3．预埋管路方式

这种方式是在建筑的墙壁或楼板内预埋管路，穿放线缆比较容易，对维护、检修和扩建均有利，造价低廉，技术要求不高。

4．机架走线架方式

这种方式是在设备机架上沿墙安装走线架或槽道。

三、设备间的配电要求

设备间供电是由大楼市电提供电源，进入设备间专用的配电柜而进行的。设备间设置专用的 UPS 地板下插座，为了便于维护，应在墙面上安装维修插座。

配电柜除了满足设备间设备的供电需求外，还需留出一定的空间，以备以后的扩容。

四、设备间安装防雷器

1. **雷击防护基本原理**

所谓雷击防护，就是通过合理、有效的手段将雷电流的能量尽可能地引入大地，防止其进入被保护的电子设备，是疏导而不是堵雷或消雷。

2. **防雷设计**

计算机网络中心设备间电源系统采用三级防雷设计。

五、设备间的防静电措施

中央机房、设备间的高架防静电地板安装时的注意事项：清洁地面，用水冲洗或拖湿地面，必须等到地面完全干了以后才可施工；画地板网格线和线缆管槽路径标识线。

实训　网络设备上架

实训目的

掌握按照工程安装的要求将网络和布线设备正确安装到网络机柜上的方法，训练学生的工程施工能力。

实训内容

由老师分组，学生进行机柜安装，每组5人，按照图2－63进行设备上架实训，注意网络设备在上方，布线设备在下方。

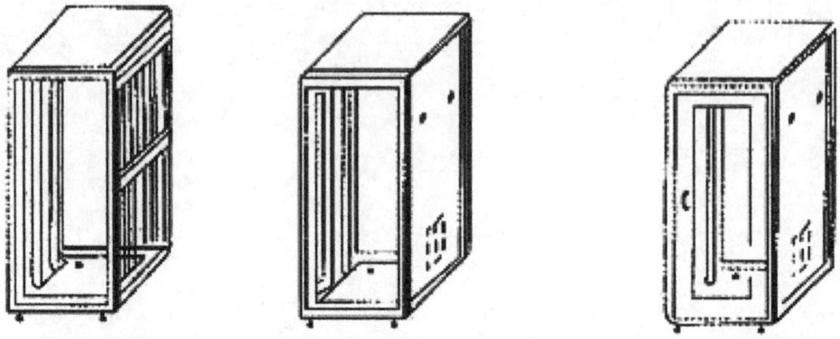

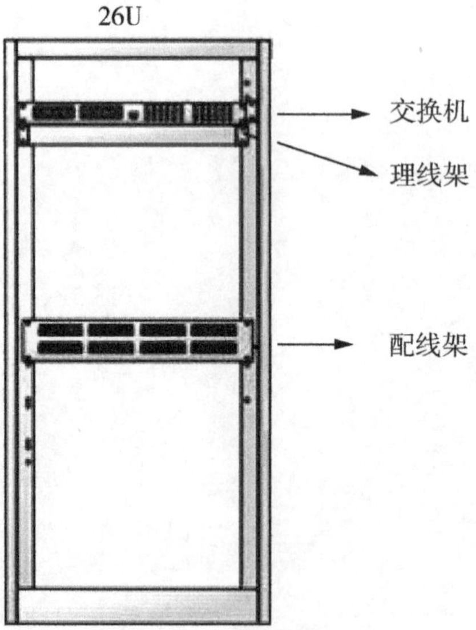

图2－63　网络设备安装

实训过程

（1）把网络机柜的正面玻璃门以及两侧和后面的保护门卸下，如图 2－64 所示；

（2）根据即将安装的设备的固定孔高度，在机柜两侧的方孔中安装方形螺母，注意两边一定要平行，螺母之间的距离一定要与设备的固定孔的距离一致；

图 2－64　卸下各面的门

（3）通过专用螺丝把设备固定在上面所安装的方形螺母上，注意一定要先把 4 颗螺丝安装到半松紧状态，检查设备高度和方向无误以后再锁紧螺丝；

（4）把机柜的侧面和正面都安装回原来的位置，关好玻璃门。

实训总结

陈述实训步骤以及安装时的注意事项，总结实训体会和操作技巧，完成实训报告，写出实训心得。

练习与思考

1．设备间如果是10平方米的话，能安装几个19英寸的机柜？

2．设备间有哪些防静电措施？

3．机柜安装的位置应该在哪里？

4．线缆预留有什么要求？

5．机柜底座的安装要求是什么？

6．设备间的配电要求是什么？

任务十五　设备间内配线端接

一、机柜的种类和应用

1. 机柜的种类

机柜可分为立式机柜、壁挂式机柜、开放式机柜和服务器型机柜。

2. 各种机柜的应用

机柜普遍应用于网络控制室、监控中心、网络工程、布线工程、通信系统、信息中心等。

二、机柜的进线方式

机柜的进线方式有以下 3 种：

（1）机柜底部进线（高架地板）；

（2）机柜背面下部进线；

（3）机柜上部进线。

三、机柜内设备安装顺序

机柜内设备安装顺序如下：

（1）网络设备在上，布线设备在下；

（2）网络设备和布线设备交错。

四、配线架端接前准备

配线架端接前应做如下准备：

（1）双绞线布放至配线间；

（2）使信息点分布规则。

五、配线架端接步骤

配线架端接步骤如下：

（1）线缆整理至机柜；

（2）安装配线架；

（3）沿机柜内穿线；

（4）信息模块端接；

（5）用扎带绑扎；

（6）配线架端接完成。

实训　机柜配线端接

实训目的

通过实训练习，掌握配线架的端接方式以及机柜内线缆的进线方式和整理方法。

实训内容

在机柜架上端自上而下安装网络交换机、理线架、打线式（固定式）配线架、理线架、1#模块化配线架、2#模块化配线架、110 语音配线架、理线架，每个设备间预留一个方孔（1/3U）的机架空间，并完成机柜内线缆的进线和整理。

实训材料及工具

剥线钳、压线钳、单口打线钳、UTP 双绞线、免打式信息模块。

实训过程

（1）配线架端接前，双绞线布放至配线间，使信息点分布规则；

（2）线缆整理至机柜；

（3）安装配线架；

（4）沿机柜内穿线；

（5）信息模块端接；

（6）用扎带绑扎；

（7）配线架端接完成。

实训总结

陈述实训步骤以及安装时的注意事项，总结实训体会和操作技巧，完成实训报告，写出实训心得。

练习与思考

1. 设备间内配线需要哪些设备?
2. 模块制作的要点是什么?
3. 模块制作的步骤是什么?
4. 设备间内配线端接的线缆绑扎有什么要求?
5. 机柜进线的方式有哪些?
6. 从机柜底端进线的优点是什么?

任务十六　光纤熔接技术

一、光纤概述

光纤是一种将信息从一端传送到另一端的媒介，是将一条玻璃或塑料纤维当作信息通过的媒介。光纤的管线和同轴电缆相似，只是没有网状屏蔽层，中心是传播光的玻璃芯。

光纤传送的信号是光信号而非电信号，光纤具有很多独特的优点：

（1）传输损耗低；

（2）传输频带宽；

（3）抗干扰性强；

（4）安全性高；

（5）质量轻；

（6）使用寿命长。

二、光纤熔接工程技术

光纤是新的传输媒介，光在光纤中传输时会产生损耗，光纤自身的传输损耗是基本确定的，而光纤接头处的熔接损耗则与光纤本身及现场施工环境和人员操作有关。努力降低光纤接头处的熔接损耗，则可增大光纤中继、延长传输距离和降低光纤链路的衰减度。

三、光纤接续的过程和步骤

（1）剥开光缆，将光缆固定到接续盒内；

（2）分光纤，将光纤分别穿过热缩管；

（3）准备熔接机，打开熔接机电源，采用预置的程式进行熔接，并在使用中和使用后，及时清除熔接机中的灰尘，特别是夹具上的；

（4）制作对接光纤端面，切割剥出的多余线芯部分；

（5）放置光纤；

（6）移出光纤，用加热炉加热热缩管；

（7）盘纤固定；

（8）封装和挂起。

四、导致光纤熔接损耗的主要原因

（1）本证因素，即光纤自身因素；

（2）非本证因素，即接续技术；

（3）其他因素，如接续操作员的操作水平、操作步骤、盘纤工艺水平等。

五、降低光纤熔接损耗的措施

（1）在一条线路上尽量采用同一批次的优质裸纤；

（2）光缆架设按需要进行；

（3）挑选经验丰富、训练有素的光纤接续人员进行接续；

（4）接续光缆应在整洁的环境中进行；

（5）选用精度高的光纤端面切割器来制备光纤端面；

（6）正确使用熔接机。

六、光纤附件的组成和作用

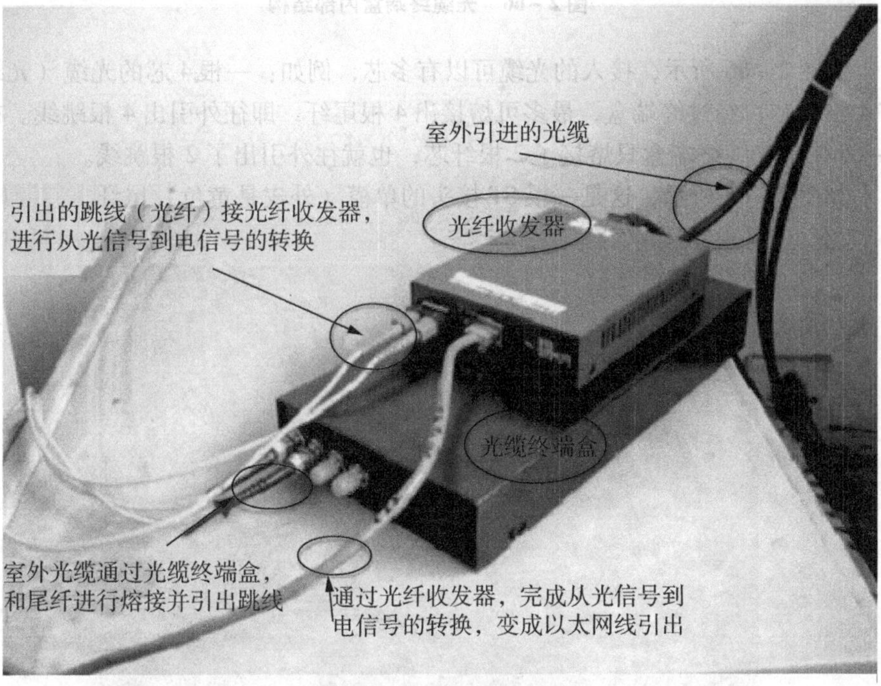

图 2－65　光纤配套用附件

连接方式：

步骤一，室外光缆接入光缆终端盒，目的是将光缆中的纤芯与尾纤进行熔接，通过跳线将其引出；

步骤二，将跳线（光纤）接入光纤收发器，目的是将光信号转换成电信号；

步骤三，光纤收发器引出的便是电信号，使用的传输介质是双绞线。此时双绞线可接入网络设备的 RJ－45 水晶头中。至此，完成了光电信号的转换。

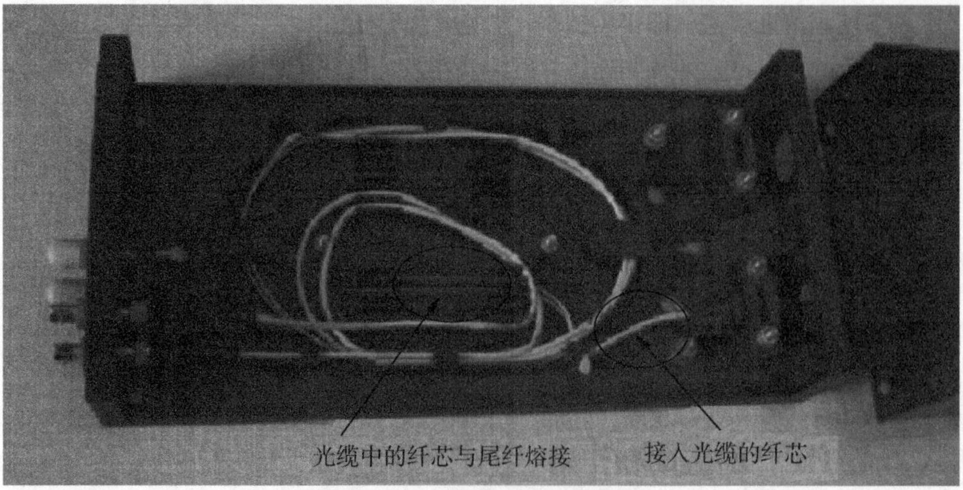

图 2-66　光缆终端盒内部结构

如图 2-66 所示，接入的光缆可以有多芯，例如：一根 4 芯的光缆（光缆中有 4 根纤芯）经过终端盒，最多可熔接出 4 根尾纤，即往外引出 4 根跳线。在图 2-65 中，光缆终端盒只熔接了 2 根纤芯，也就往外引出了 2 根跳线。

如图 2-67 所示，这是一根 ST 接头的单模（外皮是黄色）尾纤。

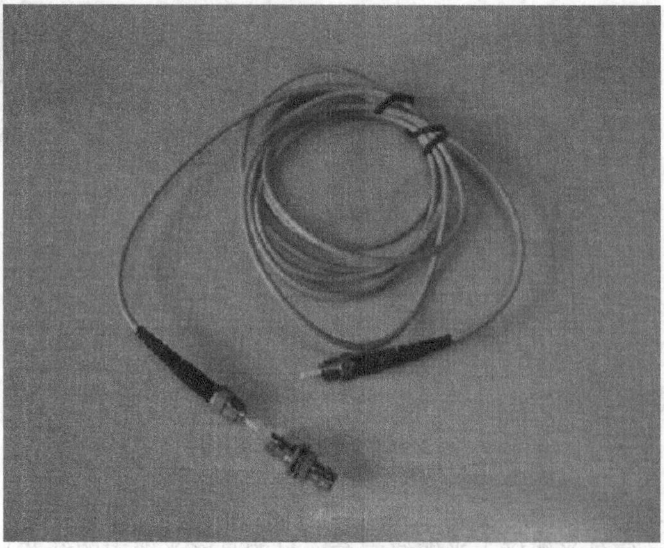

图 2-67　ST 接头单模尾纤

尾纤的一端有连接头，另一端是光缆纤芯的接头。通过熔接，尾纤与其他光缆纤芯相连。

尾纤的作用主要是连接光纤两端的接头。尾纤一端跟光纤接头熔接，另一端通过特殊的接头跟光纤收发器或光纤模块相连，构成光数据传输通路。

一般我们购买不到纯粹的尾纤，只能买到如图 2 - 68 所示的跳线，中间剪开便成了尾纤。

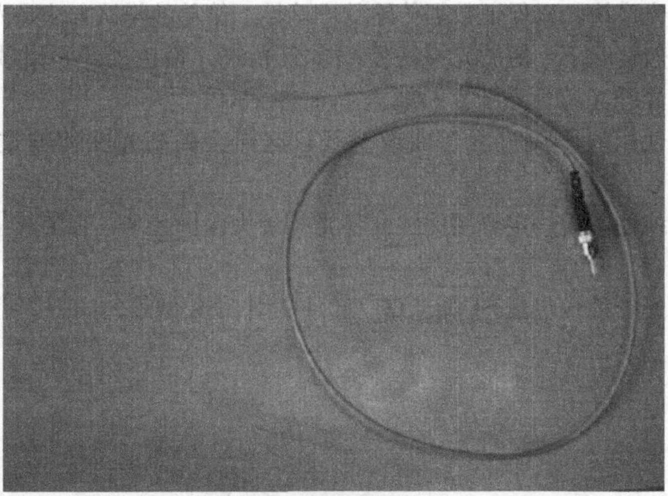

图 2 - 68 跳线

跳线两头都是活动接头，起连接尾纤和设备的作用。

光缆终端盒是在光缆敷设的终端保护光缆和尾纤熔接的盒子，是一条光缆的终接头。其一头是光缆，另一头是尾纤，相当于一个把一条光缆拆分成单条光纤的设备。

光纤耦合器用于两条光纤或尾纤的活动连接，俗称法兰盘。

七、光纤跳线的相关知识

光纤跳线（又称光纤连接器）指在光缆两端都装上连接插头，以实现光路的活动连接。光纤跳线的接头类型有 FC、SC、ST 及新开发出的 LC、MT - RJ、MU 等。端面接触方式分为 PC、UPC 及 APC 型，只有一端装有接头的称为尾纤，两端接头不同的称为转接跳线。

1. 性能概述

光纤尾纤/跳线作为高稳定性的器件，具有极低的插入损耗率和反射损耗率，且可根据客户的需求配置为单芯或多芯，同时具有多种接头形态，主要应用于通信、局域网、光纤到户视频传输、光纤传感器、测试仪器等领域，可以特别订制长度。

2. 主要分类

（1）单模光纤跳线：单模光纤跳线一般用黄色表示，接头和保护套为蓝色，传输距离较长。

（2）多模光纤跳线：多模光纤跳线一般用橙色表示，也有的用灰色表示，接头和保护套为米色或者黑色，传输距离较短。

3．**使用注意事项**

光纤跳线两端的光模块的收发波长必须一致，也就是说，光纤的两端必须是波长相同的光模块，以保证数据传输的准确性。简单的辨认方法是光模块的颜色要一致。一般情况下，短波光模块使用多模光纤（橙色光纤）跳线，长波光模块使用单模光纤（黄色光纤）跳线。

光纤在使用时不要过度弯曲或绕环，这样会提高光在传输过程中的衰减程度。

光纤跳线使用后一定要用保护套将光纤接头保护起来，否则灰尘和油污会阻碍光纤的耦合。

常用的光纤跳线包括 ST 型、LC 型、FC 型、SC 型等，如图 2－69 所示。

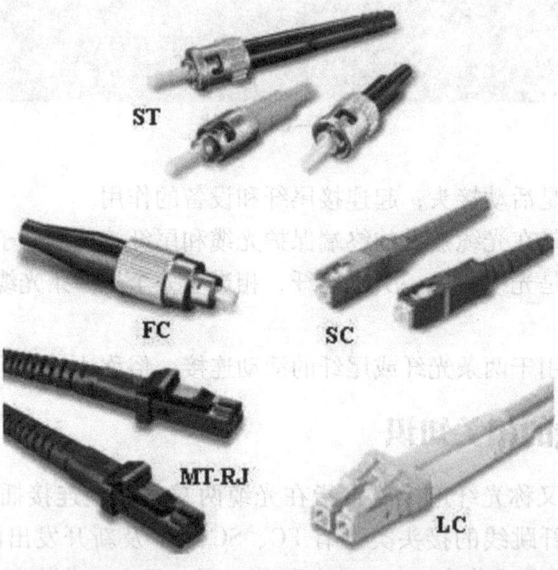

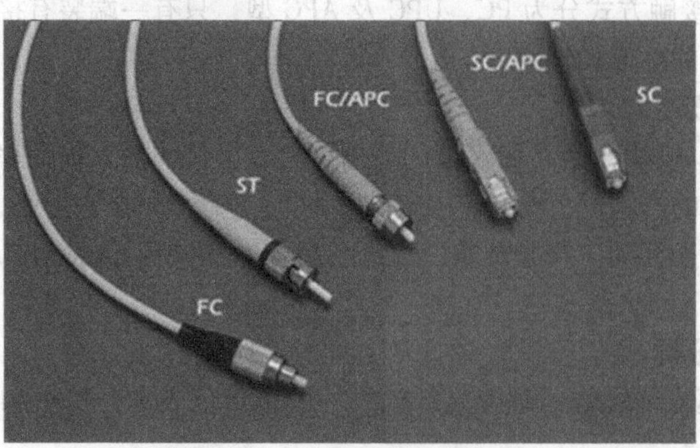

图 2－69　常用的光纤跳线类型

实训 光纤熔接

实训目的

（1）熟悉和掌握光缆的种类和区别方法；

（2）熟悉和掌握光纤工具的用途、使用方法和技巧；

（3）熟悉光缆跳线的种类；

（4）熟悉光纤耦合器的种类和安装方法；

（5）熟悉和掌握光纤的熔接方法和注意事项。

实训内容

（1）完成光缆的两端剥线。不允许损伤光缆纤芯，而且要使长度适中。

（2）完成光纤光缆的熔接。要求熔接方法正确，并且熔接成功。

（3）完成光缆在光纤熔接盒中的固定。

（4）完成光纤耦合器的安装。

（5）完成光纤收发器与光纤跳线的连接。

（6）开缆就是剥离光纤的外护套、缓冲管。光纤有两层涂覆层，光纤在熔接前必须去除涂覆层，以提高光纤成缆时的抗张力。由于不能损坏光纤，所以剥离涂覆层是一项非常精细的工作。去除涂覆层应使用专用剥离钳，不得使用刀片等简易工具，以防损伤纤芯。去除光纤涂覆层时要特别小心，不要损坏其他部位的涂覆层，以防在熔接盒内盘绕光纤时折断纤芯。光纤的末端需要进行切割，要用专业的工具切割光纤以使末端表面平整、清洁，并使之与光纤的中心线垂直。切割对于提高接续质量十分重要，它可以减少熔接损耗。任何未经正确处理的表面都会引起由末端的分离产生的额外损耗。

（7）在光纤熔接过程中应严格按照操作规程的要求执行，以确保光纤熔接的质量。

实训过程

（1）光纤熔接需要用到的工具，如图 2－70 所示。

图 2－70　光纤熔接工具

（2）先将光纤穿过光纤收容箱，如图 2－71 所示。

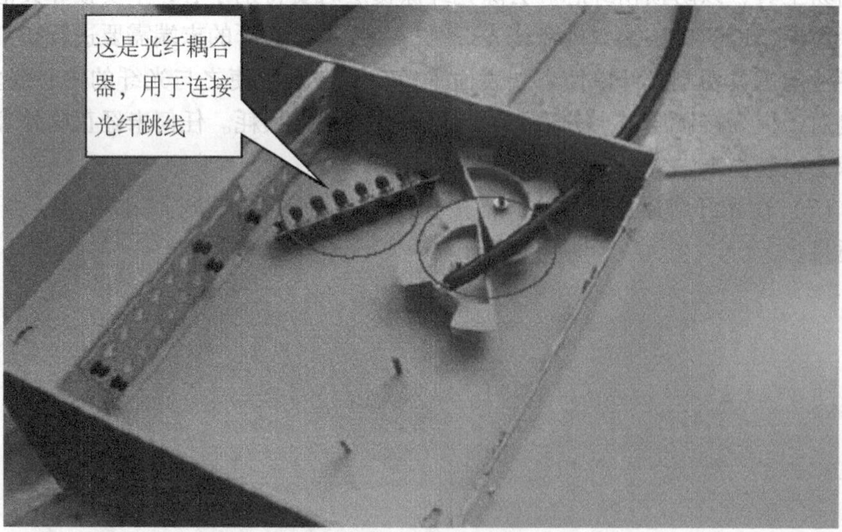

图 2－71　光纤收容箱

（3）剥开光纤外皮，如图 2－72 所示。

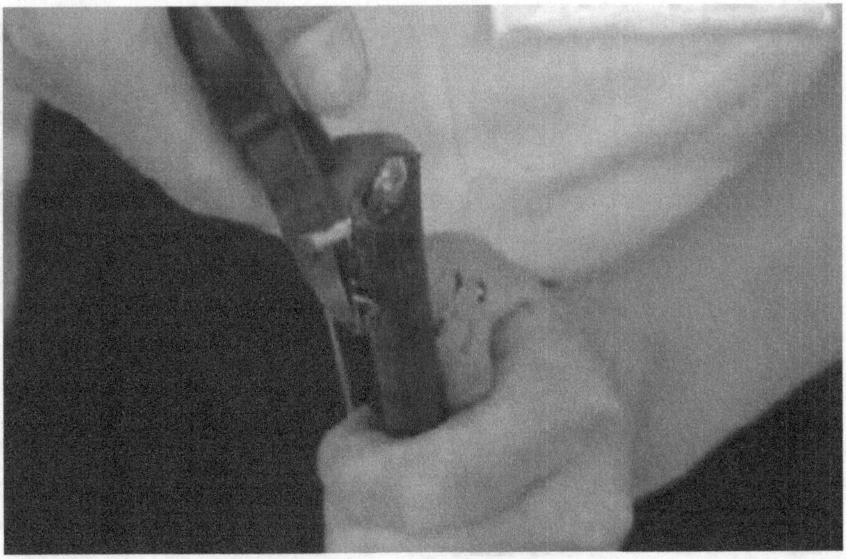

图 2－72 剥开光纤外皮

（4）抽出光纤里的两条抗拉钢丝，如图 2－73 所示。

图 2－73 抽出抗拉钢丝

（5）用钢丝钳把光缆里两条抗拉钢丝剪断，如图 2－74 所示。

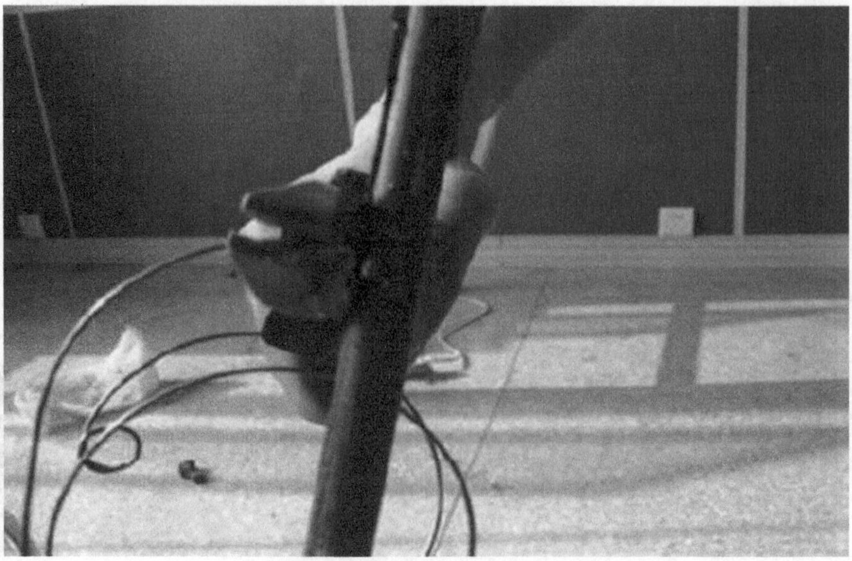

图 2－74　剪断抗拉钢丝

（6）剥光纤外皮（约剥 1 米长），如图 2－75 所示。

图 2－75　剥光纤外皮（约剥 1 米长）

（7）剥光纤金属保护层（用美工刀轻刻），如图2－76所示。

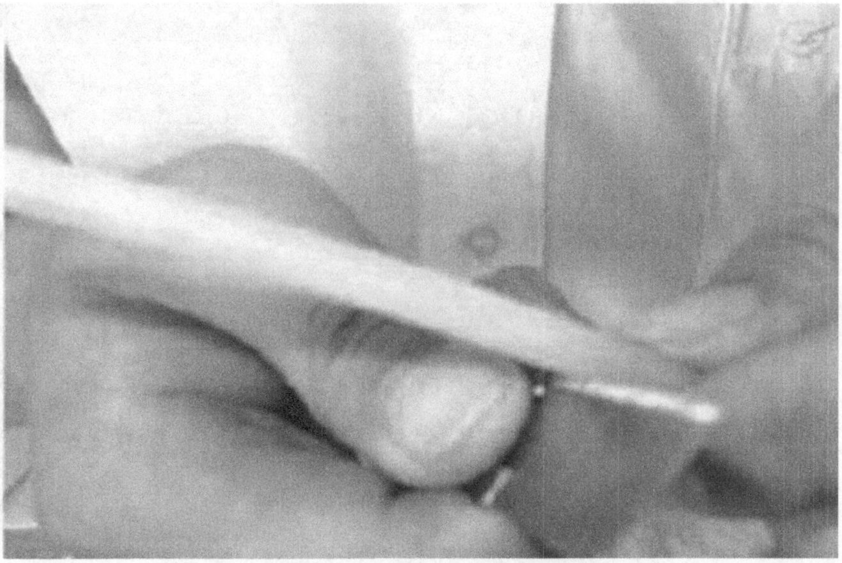

图2－76　剥光纤金属保护层

（8）轻折光纤让金属保护层断裂（弯曲角不能大于45度），如图2－77所示。

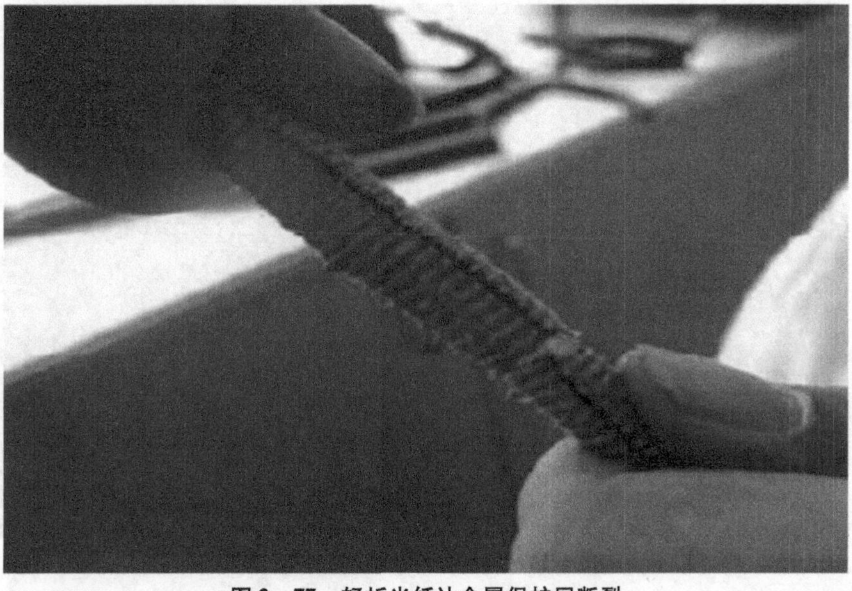

图2－77　轻折光纤让金属保护层断裂

（9）用美工刀在四周轻刻，不要太用力以免损伤光纤，如图 2－78 所示。

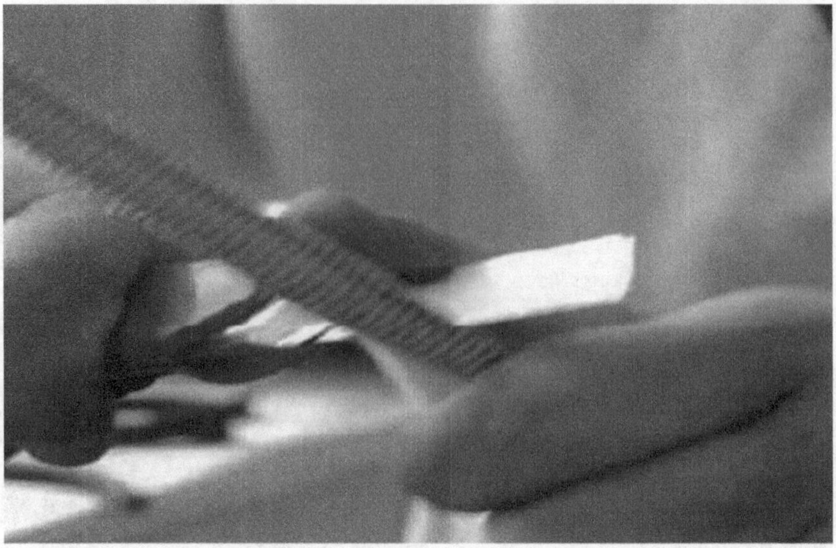

图 2－78　轻刻

（10）轻折光纤让塑料保护管断裂（弯曲角不能大于 45 度），如图 2－79 所示。

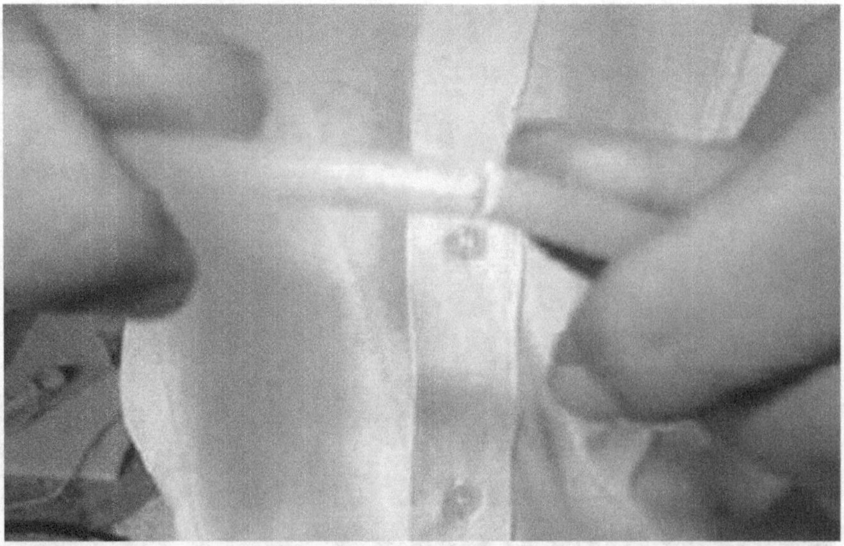

图 2－79　轻折光纤让塑料保护管断裂

（11）轻轻抽出光纤，如图 2 - 80 所示。

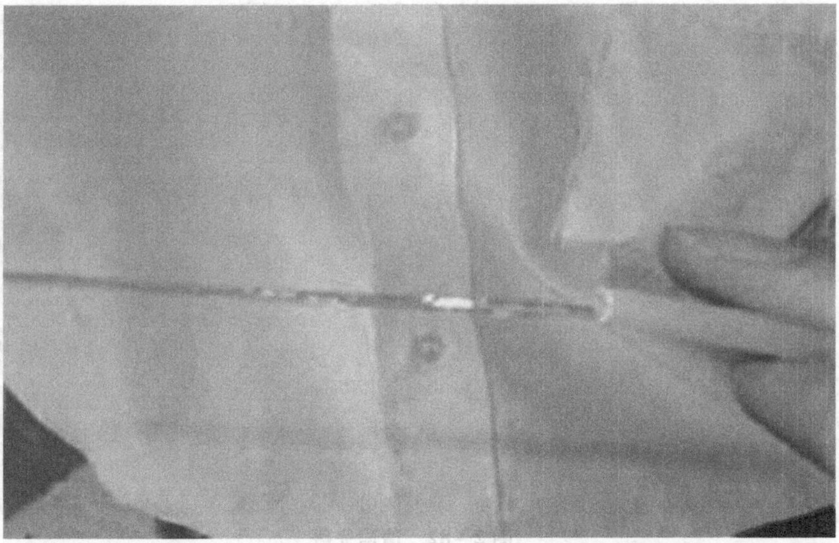

图 2 - 80　抽出光纤

（12）用质量较好的纸巾沾酒精，如图 2 - 81 所示。

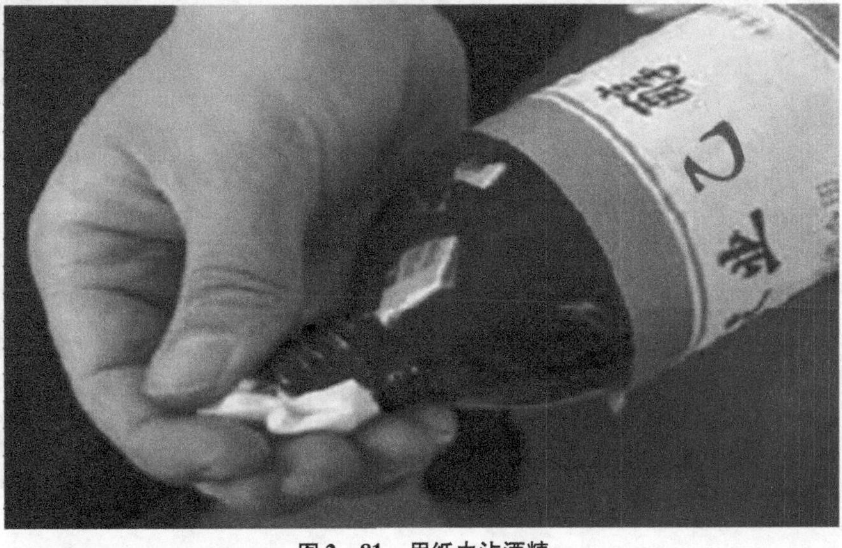

图 2 - 81　用纸巾沾酒精

（13）清洁每一小根光纤，如图 2－82 所示。

图 2－82　清洁光纤

（14）套光纤热缩套管，如图 2－83 所示。

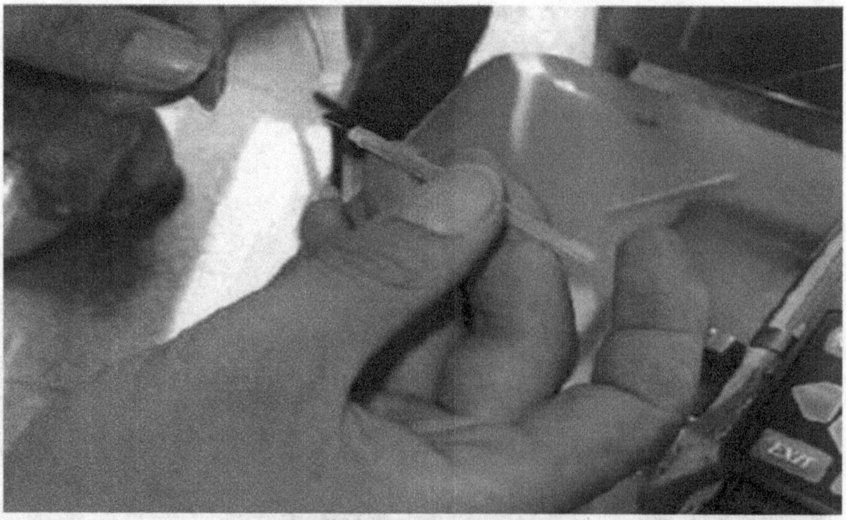

图 2－83　套光纤热缩套管

图 2-84 热缩套管

（15）剥光纤绝缘层，如图 2-85 所示。

图 2-85 剥光纤绝缘层

（16）用沾酒精的纸巾将光纤擦拭干净，如图 2 - 86 所示。

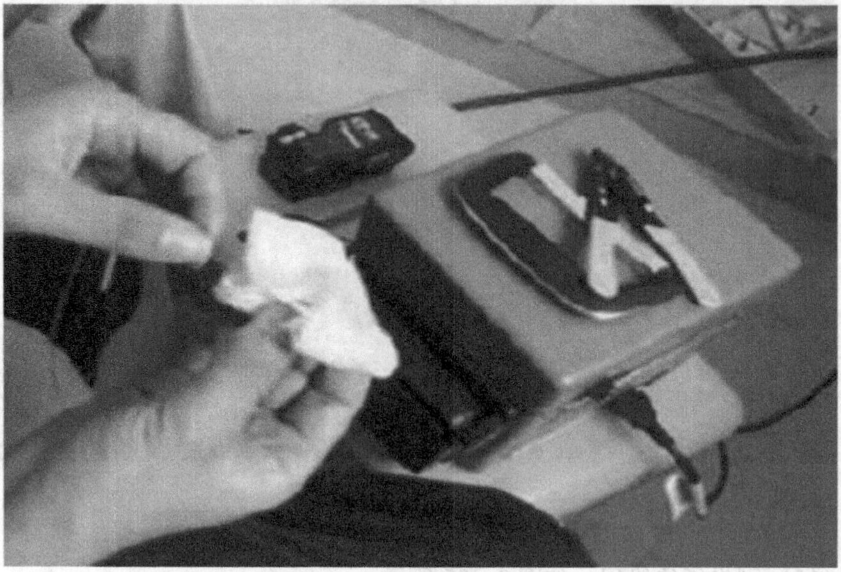

图 2 - 86　将光纤擦拭干净

（17）用光纤切割器斩切光纤（斩切长度要适中），如图 2 - 87 所示。

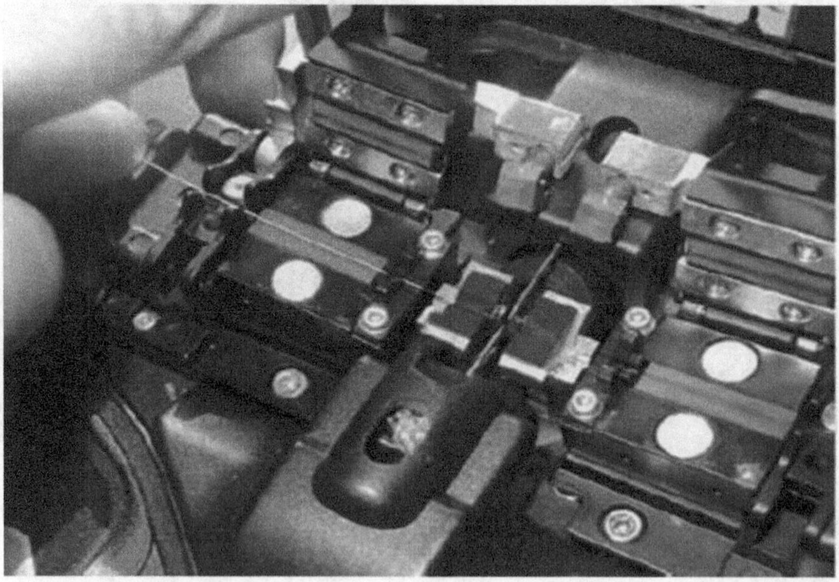

图 2 - 87　斩切光纤

(18) 将斩切好的光纤放到光纤熔接机的一侧，如图 2-88 所示。

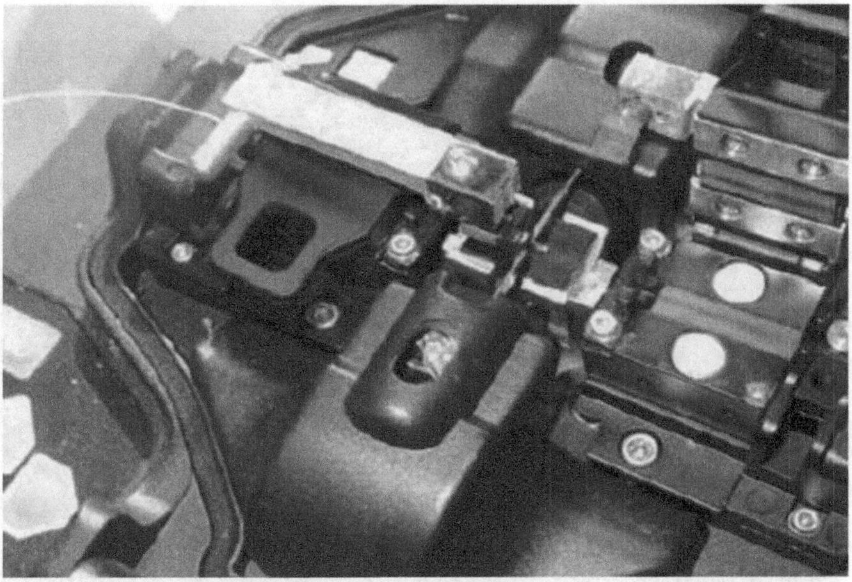

图 2-88 光纤熔接机

(19) 固定好光纤，如图 2-89 所示。

图 2-89 固定光纤

（20）加工光纤跳线，将其从中间剪断分开（两头圆口），如图 2 - 90 所示。

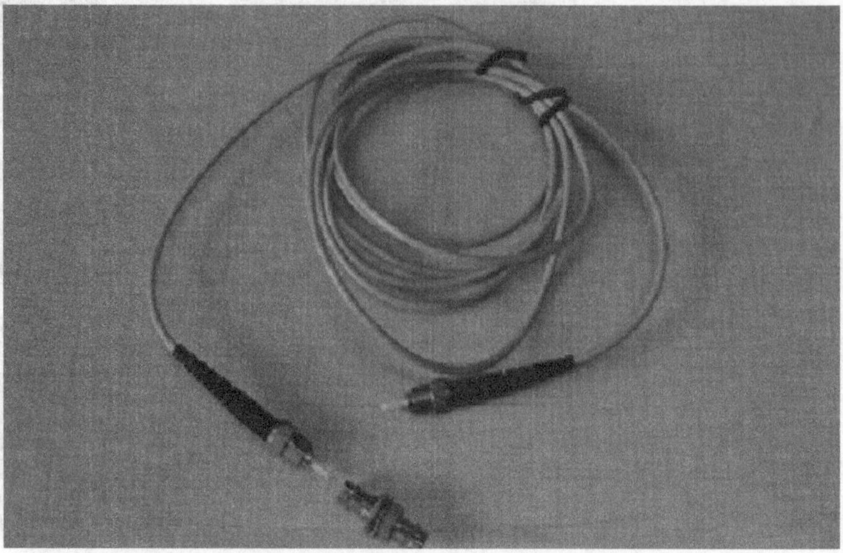

图 2 - 90　加工光纤跳线

（21）剪光纤跳线的石棉保护层（要用石英剪刀），如图 2 - 91 所示。

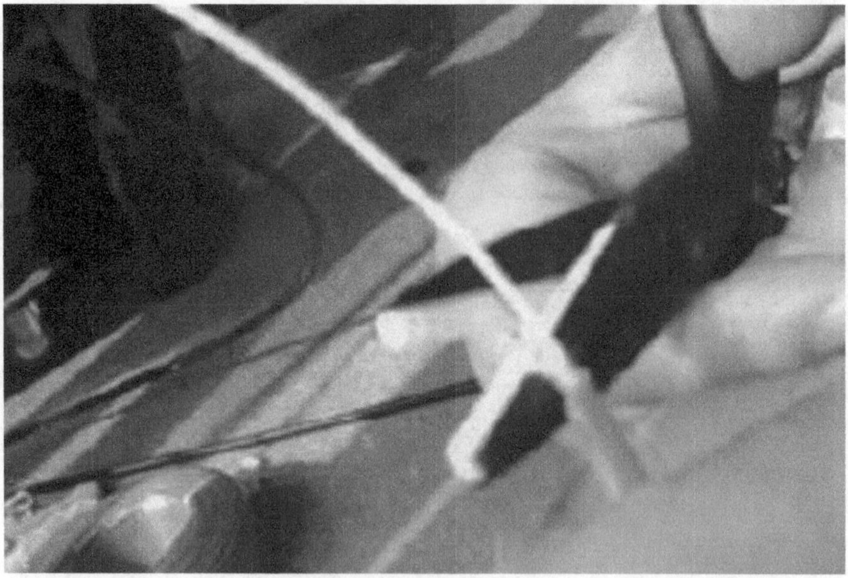

图 2 - 91　剪石棉保护层

（22）剥好的跳线的内绝缘层与外保护层之间的长度至少要有 20 厘米，如图 2－92 所示。

图 2－92 剥好的跳线

（23）用沾酒精的棉花将光纤擦拭干净，如图 2－93 所示。

图 2－93 将光纤擦拭干净

(24) 用光纤切割器斩切光纤跳线（斩切长度要适中），如图 2-94 所示。

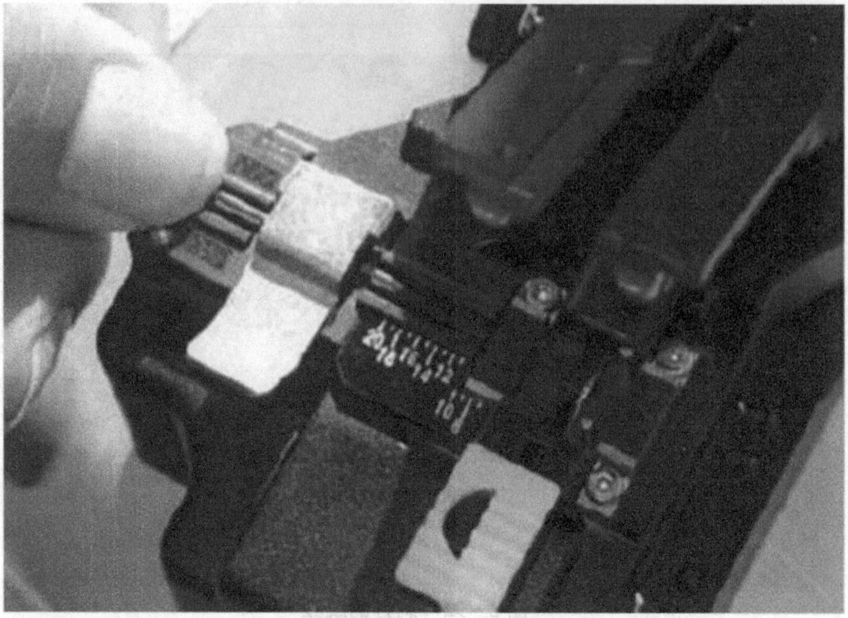

图 2-94　斩切光纤跳线

(25) 将斩切好的光纤跳线放到光纤熔接机的另一侧（两条光纤尽量对齐），如图 2-95 所示。

图 2-95　光纤熔接机

（26）固定光纤跳线，如图 2－96 所示。

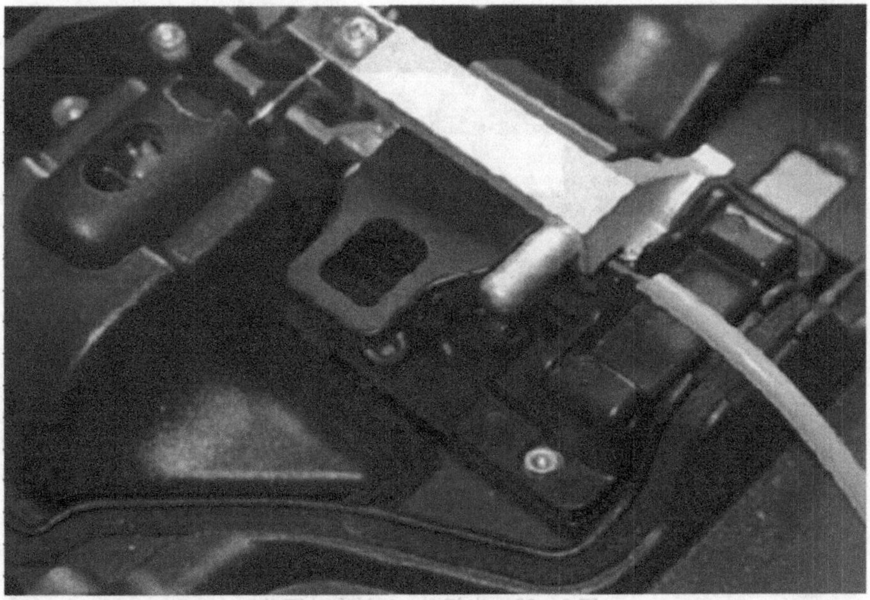

图 2－96　固定光纤跳线

（27）按 “SET” 键开始熔接光纤，如图 2－97 所示。

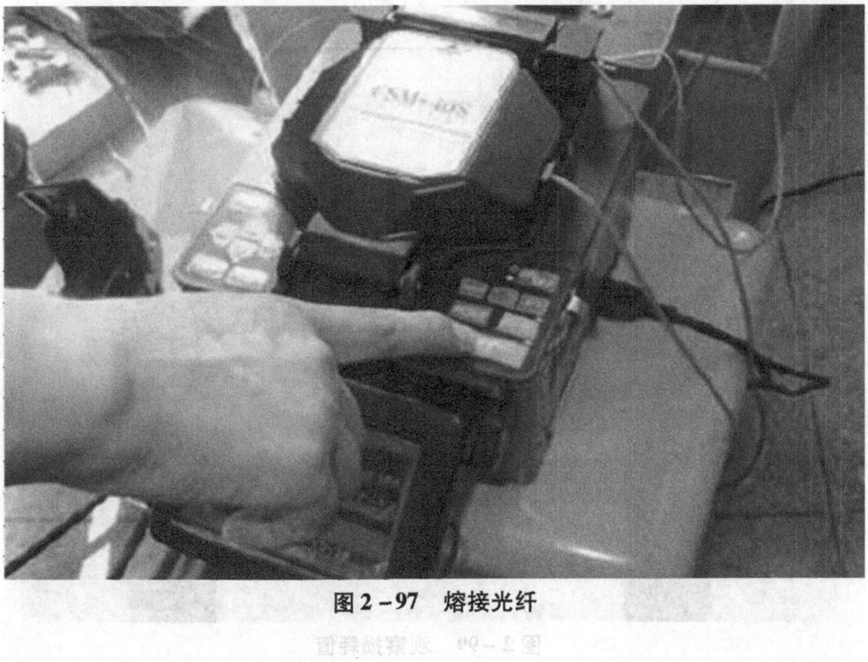

图 2－97　熔接光纤

（28）光纤 X、Y 轴自动调节，如图 2－98 所示。

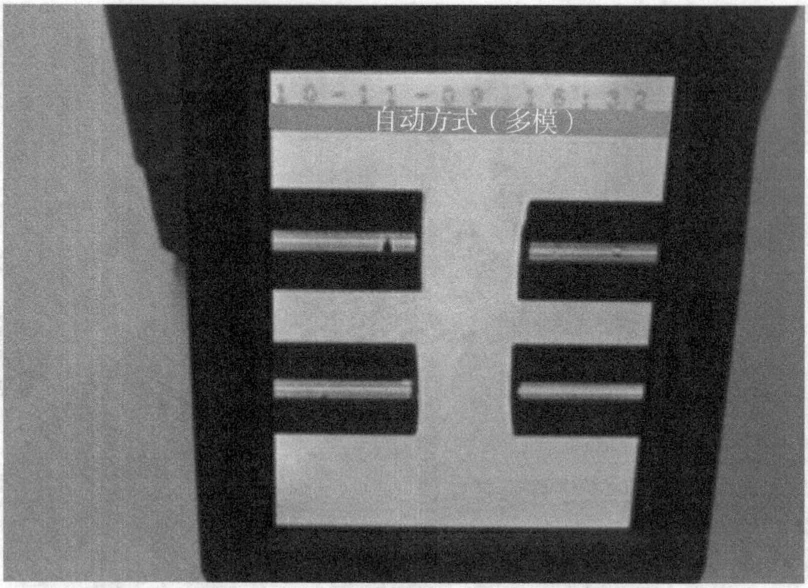

图 2－98　光纤 X、Y 轴自动调节

（29）熔接结束，观察损耗值，若熔接不成功会告知原因，如图 2－99 所示。

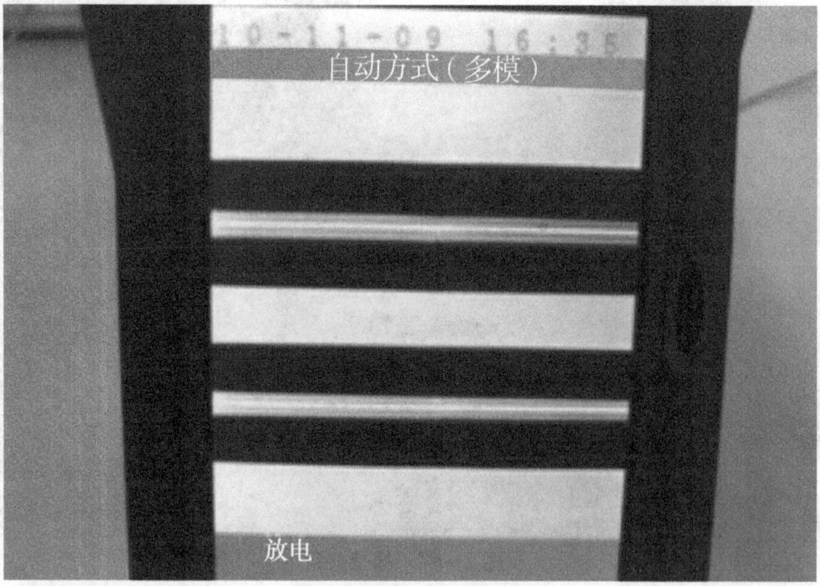

图 2－99　观察损耗值

（30）用光纤热缩套管完全套住剥掉绝缘层的部分（剥光纤时要控制好长度），如图 2 - 100 所示。

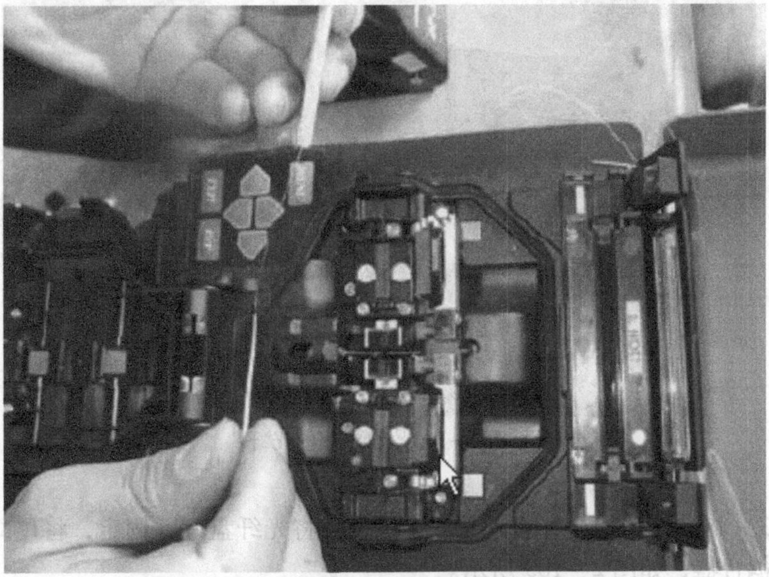

图 2 - 100 用热缩套管套住剥掉绝缘层部分

（31）将套好热缩套管的光纤放到加热器中，按“HEAT”键，如图 2 - 101 所示。

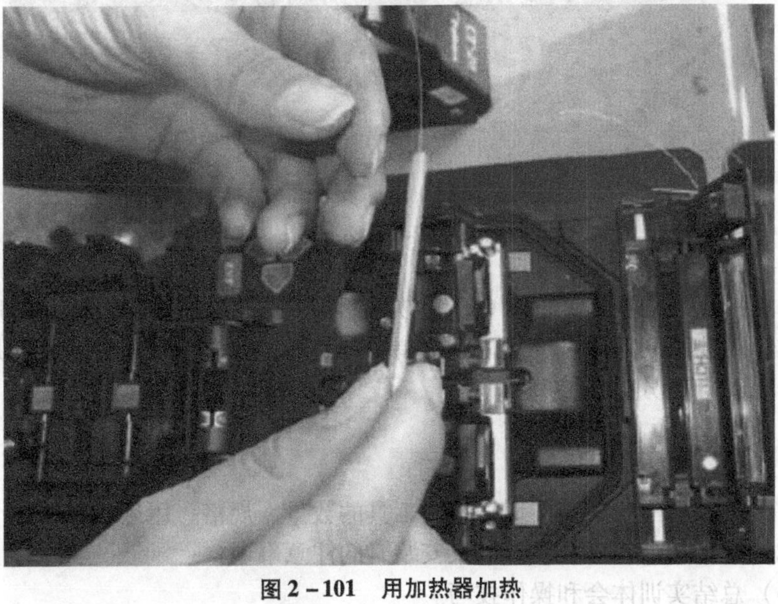

图 2 - 101 用加热器加热

（32）取出已加热的光纤，如图 2－102 所示。

图 2－102　已加热的光纤

（33）将熔接好的光纤装入光纤终端盒，将光纤盘好并固定，将尾纤接头接入光纤耦合器，如图 2－103 所示。

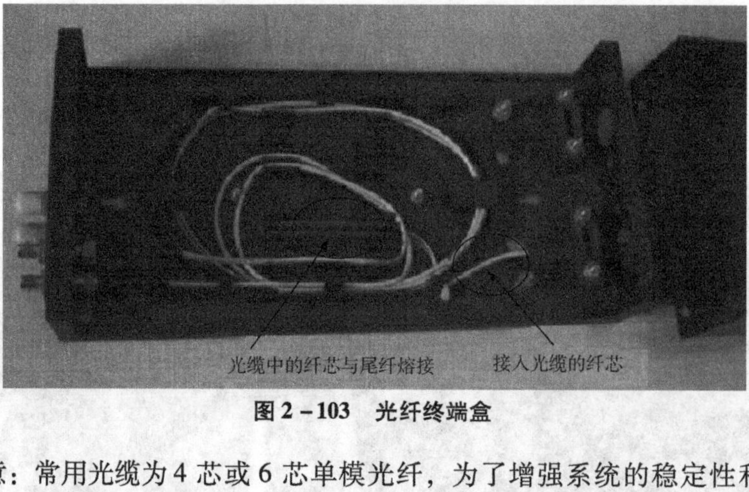

图 2－103　光纤终端盒

注意：常用光缆为 4 芯或 6 芯单模光纤，为了增强系统的稳定性和便于维护，在焊接过程中必须焊接 4 芯以上单模光纤，达到“两用两备”使用要求，焊接损耗≤0.02 分贝/千米。

实训总结 <<<

（1）以表格形式写清实训材料和工具的数量、规格、用途；

（2）陈述实训程序或步骤以及安装时的注意事项；

（3）总结实训体会和操作技巧。

练习与思考

1．谈谈光纤与光缆的区别是什么。

2．光纤的传输特点有哪些？

3．试述光纤熔接的过程和步骤。

4．根据所学内容，谈谈导致光纤熔接损耗的主要因素。

5．同一工程中尽量使用同一品牌的光纤进行接续是否有助于降低光纤熔接损耗程度？

6．简述环境对光纤接续的影响。

7．光纤熔接工程技术的原理是什么？

项目三

规划设计实训

任务十七　用户需求分析

一、需求分析概述

需求分析是综合布线系统设计的首要工作，对后续工作的顺利开展是非常重要的，也直接影响最终工程造价。

需求分析主要分析用户的当前需求和未来扩展需求，目的是把设计对象按照写字楼、宾馆、综合办公室、生产车间、会议室、商场等进行归类，为后续设计确定方向和重点。

二、建筑物现场勘查

（1）查看各楼层、走廊、房间、电梯厅和大厅等的吊顶情况；

（2）勘测计算机网络线路可以与哪些线路共用槽道；

（3）勘测并确定设备间和楼层的配线间内机柜的安放位置，确定到机柜的主干线槽的铺设方式等。

三、用户需求分析

1. 用户需求分析的对象

用户需求分析的对象包括：

（1）智能建筑。

（2）智能小区：住宅智能小区、商住智能小区、校园智能小区。

2. 用户需求分析的范围

用户需求分析的范围包括：

（1）工程区域的大小。

（2）信息业务种类的多少。信息业务种类包括语音通信系统、数据通信系统、图像通信系统、保安监控系统、消防监控系统。

3. 用户需求分析的基本要求

（1）确定工作区的数量和性质。

（2）主要考虑近期需求，兼顾长远发展，需要多方征求意见。

实训 工程预算实训

实训目的

（1）通过按照建筑行业预算方式做工程预算项目的实训，掌握各项目的定额标准；

（2）熟悉综合布线工程预算表的编制；

（3）掌握建筑行业综合布线系统工程项目的预算方法。

实训内容

（1）使用综合布线系统工程概预算编制软件；

（2）根据对综合布线系统工程的了解，查找相关资料和各项目预算定额，完成学校网络综合布线系统工程预算。

实训过程

（1）分析项目使用材料的种类；

（2）使用软件编制综合布线工程预算表；

（3）套用综合布线系统工程定额；

（4）完成工程预算。

实训总结

（1）掌握综合布线系统工程预算定额的套用方式；

（2）基本掌握综合布线系统工程概预算编制软件的应用；

（3）总结实训经验和方法。

练习与思考

1. 用户需求分析的目的是什么？
2. 用户需求分析的意义是什么？
3. 用户需求分析覆盖的范围是什么？
4. 用户需求分析的要求是什么？
5. 用户需求分析的对象是什么？

任务十八 信息点统计表

一、信息点统计表的定义

信息点统计表简称点数表，是确定和统计信息点数量的基本工具和手段。信息点统计表能够准确、清楚地表示和统计出建筑物的信息点数量。

二、信息点统计表的编写

信息点统计表的制作方法为：利用 Microsoft Excel 软件进行制作，一般常用的表格格式为房间按行表示、楼层按列表示。

1. 信息点统计表的行

第一行为项目或者对象名称，第二行为房间或者区域名称，第三行为房间号，第四行为数据或者语音类别，其余行填写每个房间的数据或者语音信息点数量。

注意：为了清楚表示和方便统计，一般每个房间有两行，一行数据，一行语音；最后一行为数量总和。在点数表填写过程中，房间标号按由小到大、从左到右的顺序填写。

2. 信息点统计表的列

第一列为楼层编号，填写对应的楼层编号；中间列为该楼层的房间号，为了清楚表示和方便统计，一般每个房间有两列，一列数据，一列语音；最后一列为数量总和。在点数表填写过程中，楼层编号按由大到小、从上到下的顺序填写。

三、信息点统计表的填写

从楼层的第一个房间或者区域开始，逐间分析需求和划分工作区，确认信息点数量和大概位置。在每个工作区首先确定网络数据信息点的数量，然后考虑电话语音信息点的数量，同时还要考虑其他控制设备的需求，例如，在门厅和重要办公室入口位置要考虑设置指纹考勤机、门禁系统网络接口等。

四、信息点统计表的练习

给出需求分析，练习信息点统计表的编写。

实训　信息点统计表的制作

实训目的

掌握各个工作区信息点的位置数量及其设计要点和统计方法；熟练掌握信息点统计表的设计和应用方法；掌握项目概算方法；掌握工程数据表格的制作方法并训练制作能力。

实训内容

完成一个多功能智能化建筑网络综合布线系统工程信息点的设计；使用 Microsoft Excel 软件完成点数表；完成工程概算。

实训模型 1：一栋 18 层的建筑物，地下 2 层为空调机组等设备安装层，地下 1 层为停车场，1 ~ 2 层为商场，3 ~ 4 层为餐厅，5 ~ 10 层为写字楼，11 ~ 18 层为宾馆。给出可以进行点数统计的必要条件，注意设置一些变化因素。

实训模型 2：给出一栋 7 层研究大楼可以进行点数统计的必要条件，注意设置变化因素。

实训模型 3：学生比较熟悉的教学楼或宿舍楼。

实训过程

（1）分析项目用途，归类。例如：教学楼、宿舍楼、办公楼等。

（2）工作区分类和编号。

（3）制作点数表。

（4）填写点数表。

（5）工程概算。

实训总结

（1）完成信息点的命名和编号；

（2）掌握点数表的制作方法，计算出全部信息点的数量和规格；

（3）完成工程概算；

（4）总结实训经验和方法。

练习与思考

1. 简述信息点统计表的概念。
2. 信息点统计表的作用是什么？
3. 制作信息点统计表有什么意义？
4. 简述信息点统计表的制作要点。
5. 在填写信息点统计表时，应该注意什么？

任务十九　综合布线系统整体设计

一、综合布线系统的有关名词

（1）数据传输速率；
（2）近端串扰；
（3）远端串扰；
（4）电磁干扰（EMI）；
（5）分贝（dB）。

二、综合布线系统的组成

综合布线系统的组成如图 3－1 所示。

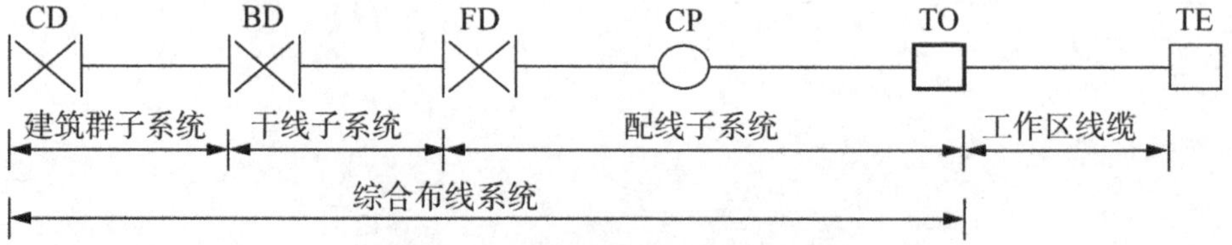

图 3－1　综合布线系统的基本构成

三、综合布线系统结构的变化

1．FD－BD 结构

这是典型的综合布线系统结构，每个楼层 1 个 FD，在设备间汇集到 BD，如图 3－2 所示。

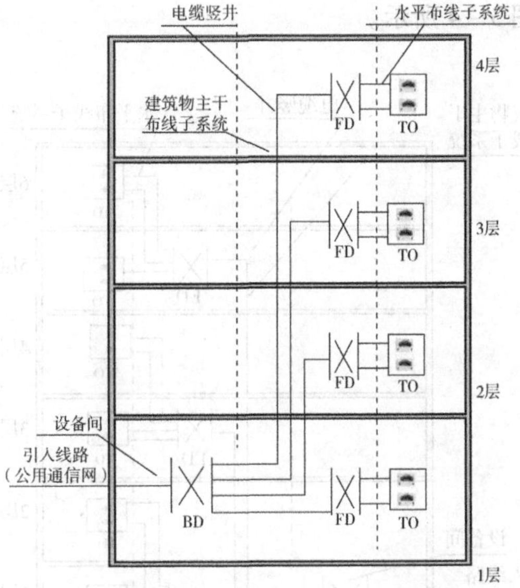

图 3－2　建筑物 FD－BD 结构

2. FD/BD 结构

这种结构适用于楼层信息点较少的建筑布线，FD 和 BD 放在同一个楼层，如图 3－3 所示。

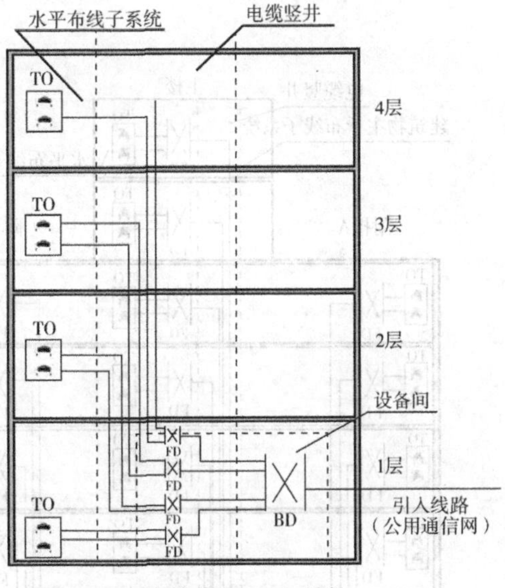

图 3－3　建筑物 FD/BD 结构

3. 建筑物 FD－BD 共用楼层配线间结构

在为单个楼层信息点比较少，而全部信息点又比较多，全部 FD 设备与 BD 放在一起会使设备间过于庞大，且不易施工的建筑布线时，采用部分楼层共用

FD－BD 的结构，如图 3－4 所示。

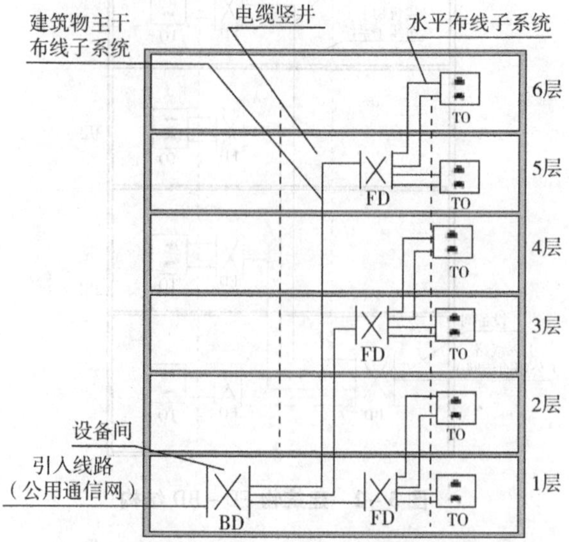

图 3－4　建筑物 FD－BD 共用楼层配线间结构

4. 综合建筑物 FD－BD－CD 结构

这种结构适用于大型建筑物，不同部分之间通过 CD 和 BD 相连，如图 3－5 所示。

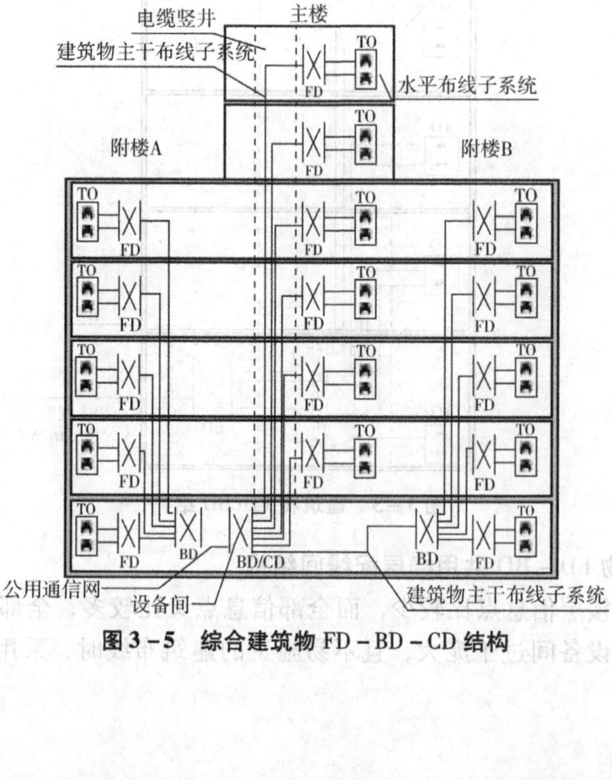

图 3－5　综合建筑物 FD－BD－CD 结构

实训 综合布线系统各子系统设计

实训目的

掌握综合布线系统的基本设计方法，并能根据不同用户的业务需求和建筑物的实际情况，在熟悉设备间子系统、管理间子系统、工作区子系统、进线间子系统、配线子系统、干线子系统和建筑群子系统的设计要求、原则和注意事项的基础上，完成各系统的设计方案。

实训内容

完成教学楼或学生宿舍的结构化综合布线系统各子系统设计。

实训过程

1．明确设计依据和设计要求

（1）了解该建筑物的概况，例如建筑物的规模、层数、结构、业务需求等；

（2）确定信息种类和信息点的数量；

（3）确定设备间和交接间的位置；

（4）明确系统设计要求和设计标准。

2．确定设计方案

（1）依据用户实际需要，结合建筑物的具体情况，确定系统有哪些范围需要设计。例如，只有一幢楼时，就不考虑建筑群子系统设计，当建筑物范围比较小时，可以考虑设备间和交接间合用一个房间。

（2）确定工作区子系统的设计内容。它包括：①工作区的数量、面积、用途和建筑结构；②设计等级。

（3）确定配线子系统的设计内容。它包括：①配线布线路由；②配线线缆的类型和长度；③楼层配线架的数量、规格和位置，当信息点数量较少时，可以考虑合用一个配线架。

（4）确定干线子系统的设计内容。它包括：①选择主干路由；②确定布线方式；③考虑线缆的保护和屏蔽接地。

（5）确定设备间和管理间子系统的设计内容。它包括：①设备间的位置和面积；②建筑物配线架的位置、规格、型号和数量；③确定标识管理方案。

（6）制订管槽设计方案。它包括：①根据线缆的数量，选择水平线槽的类型、位置、规格和数量；②垂直方向宜选择桥架敷设线缆。

（7）确定与有关系统的配合和连接。它包括：①与用户交换机网络系统的配合和连接；②与计算机网络系统的配合和连接。

3．绘制设计图

（1）绘制综合布线系统设计的结构方案图。

（2）绘制水平布线子系统的平面图。

实训总结 <<<

通过本次实训，应掌握综合布线系统的设计步骤、设计要求、设计原则和设计内容，学会对简单建筑物的布线系统进行设计。需要强调的是，在实际设计中，应根据建筑物和用户的要求，灵活选择系统的配置、路由和设计等级。

练习与思考

1．综合布线系统由哪些部分组成？

2．是否每个工程项目中都包括综合布线系统的所有组成部分？

3．FD/BD 结构和建筑物 FD－BD 共用楼层配线间结构的适用范围分别是什么？

4．根据身边的生活环境，举例说明 FD/BD 结构的应用。

5．根据身边的生活环境，举例说明建筑物 FD－BD 共用楼层配线间结构的应用。

6．试述综合建筑物 FD－BD－CD 结构适用于什么规模的工程项目。

任务二十　工作区子系统

一、工作区子系统的定义

工作区子系统是指从信息插座延伸到终端设备的整个区域，包括配线子系统的信息插座、连接信息插座和终端设备的跳线以及适配器。

二、工作区适配器的选用原则

（1）设备采用不同信息插座的连接器时，可用专用电缆及适配器。

（2）在单一信息插座上进行两项服务时，可用“Y”型适配器。

（3）在配线子系统中，当选用的电缆类别不同于设备所需的电缆类别时，应采用适配器。

（4）在连接过程中使用不同信号的数模转换设备、光电转换设备及数据速率转换设备等装置时，宜采用适配器。

（5）为了特殊的应用而需要实现网络的兼容性时，可用配合适配器。

（6）根据工作区内电信终端设备的不同可配备相应的适配器。

三、工作区的设计要点

1. 工作区设计要考虑的内容

（1）工作区内线槽的敷设要合理、美观；

（2）信息插座设计在距离地面30厘米以上的位置；

（3）信息插座与计算机设备的距离保持在5米范围内；

（4）网卡接口类型要与线缆接口类型保持一致；

（5）所有工作区所需的信息模块、信息插座、面板的数量要准确。

2. 确定信息插座的数量和类型

（1）根据楼层平面图计算每层楼的布线面积；

（2）估算信息，引出插座的数量；

（3）确定信息，引出插座的类型。

四、总结

工作区子系统可支持电话机、数据终端、计算机、电视机、监视器以及传感器等终端设备，是综合布线系统中最接近用户的一部分。

实训 认识工作区子系统

实训目的

通过参观教师办公室工作区子系统等实践活动，认识工作区子系统的范围；了解工作区子系统中包括什么设备，应如何布置；分析工作区子系统中的信息点、线槽、走线等施工要求；了解工作区子系统目前所能实现的功能。

实训内容

（1）参观学校老师办公室工作区子系统，完成对工作区子系统的分析；

（2）根据参观情况，画出该办公室的布线平面图。

实训过程

1. 案例 1

在学校实训部门的协助下，选择比较有代表性的教师办公室的工作区子系统作为参观对象。在参观过程中，教师或网络管理员对整个布线系统的情况进行介绍，使学生根据实际的布线环境了解工作区子系统的基本组成，并对参观网络的情况做详细的记录。参观结束后，让学生思考并回答以下问题：

（1）此房间需要设计几个信息点与语音点？

（2）数据点与语音点布放在什么位置？

（3）强电插座设置在什么位置比较合理？

（4）房间布线是走明线还是走暗线？

2. 案例 2

现有一间办公室，面积为 20 平方米，有 5 个人在此房间办公，要对这个房间的网络布线进行规划，请考虑案例 1 的所有问题，完成网络规划。

实训总结

回答以上问题，完成实训总结，写出心得。

练习与思考

1. 简述工作区子系统的概念和范围。
2. 信息插座的设计有什么需要注意的地方？
3. 信息插座和电源插座的距离是多少？
4. 结合实例，简述工作区子系统的设计步骤。
5. 举例说明什么场合下需要用到配合适配器。
6. 工作区子系统的设计要点是什么？
7. 水晶头个数、信息模块个数、线缆长度是怎样计算的？
8. 设计费、督导费、测试费是怎样计算的？

任务二十一 工作区子系统的设计及实例

一、工作区子系统的设计要点

1. 设计步骤

工作区子系统的设计步骤一般为：首先与用户进行充分的技术交流，了解建筑物用途；然后认真阅读建筑物设计图纸，进行初步规划和设计；最后进行概算和预算。

2. 需求分析

需求分析首先从整栋建筑物的用途开始，然后按照楼层顺序进行分析，最后再到楼层的各个工作区或者房间，逐步明确和确认每层和每个工作区的用途和功能，分析每个工作区的需求，规划工作区的信息点数量和位置。

3. 技术交流

不仅要与技术负责人交流，也要与项目或者行政负责人沟通，进一步了解用户需求，特别是未来的发展需求。

在交流中，重点了解每个房间或者工作区的用途、工作区域、工作台位置、工作台尺寸、设备安装位置等详细信息。

4. 阅读建筑物图纸和工作区编号

索取并认真阅读建筑物图纸是不能省略的步骤。通过阅读建筑物图纸，掌握建筑物的土建结构、强电路径、弱电路径，特别是主要电器设备和电源插座的安装位置，重点掌握在综合布线路径上的电器设备、电源插座、暗埋管线等。

工作区信息点的命名和编号是非常重要的一项工作，命名必须准确表达信息点的位置或者用途，且要与工作区的名称相对应。这个名称从项目设计开始到竣工验收及后续维护最好保持一致。

5. 初步设计

（1）确定工作区面积；

（2）设置工作区信息点；

（3）制作工作区信息点统计表。

二、工作区子系统的设计实例

1. 案例 1：独立单人办公室信息点设计

设计独立单人办公室信息点布局时，信息插座可以设计为安装在墙面或地面两种。

（1）设计单人办公室信息点时必须考虑数据点和语音点；

（2）当办公桌设计为靠墙摆放时，信息插座应安装在墙面，中心垂直距地300毫米左右；

（3）当办公桌摆放在中间时，信息插座应使用弹起式地面插座，安装在地面。

2. 案例2：独立多人办公室信息点设计

设计独立多人办公室信息点布局时，信息插座可以设计为安装在墙面或地面两种。

（1）设计多人办公室信息点时必须考虑多个数据点和语音点；

（2）当办公桌设计为靠墙摆放时，信息插座应安装在墙面，中心垂直距地300毫米左右；

（3）当办公桌摆放在中间时，信息插座应使用弹起式地面插座，安装在地面。

3. 案例3：集中办公区信息点设计

设计集中办公区信息点布局时，必须先考虑空间的利用率和便于人员流动工作，再进行合理设计，信息插座根据工位设计。

设计会议室的信息点时，一般在会议讲台处至少设计一个信息点，便于设备的连接使用，在会议室墙面的四周也可以考虑设置一些信息点。

实训 工作区子系统的设计

实训目的

掌握分析实际工程的能力，掌握不同工作区设计的基本原则，根据工作区设计的要点对工作区进行设计并完成工程设计图。

实训内容

1. 案例1：独立单人办公室信息点设计

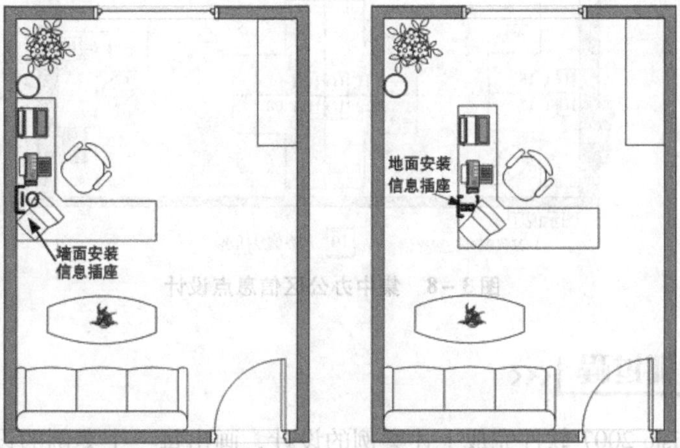

图3－6 独立单人办公室信息点设计

2. 案例2：独立多人办公室信息点设计

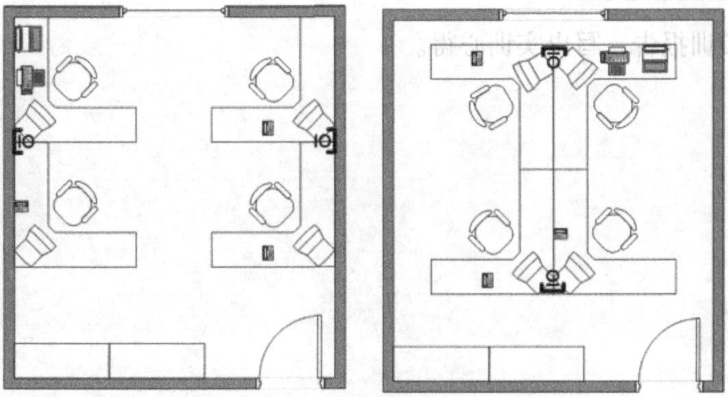

图3－7 独立多人办公室信息点设计

3. 案例3：集中办公区信息点设计

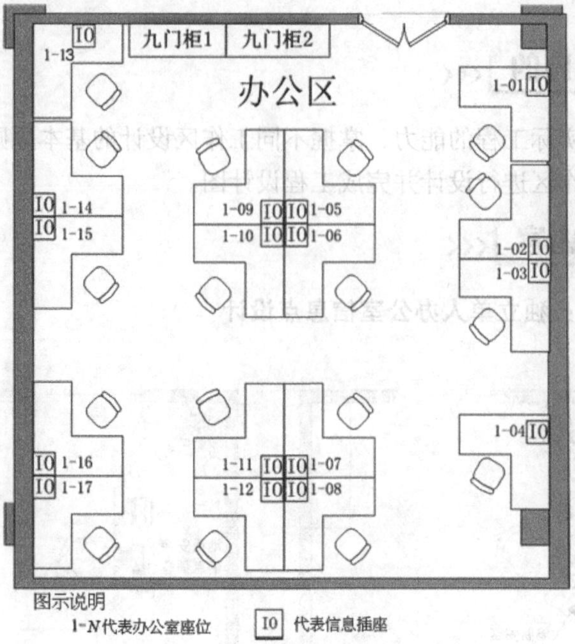

图3-8 集中办公区信息点设计

实训过程

使用Visio 2007软件完成上述案例的设计，画出每一个案例的设计图，并写出自己的设想。

实训总结

完成实训报告，写出实训心得。

练习与思考

1. 设计工作区子系统时，信息点编号有哪些原则？应该怎样命名？
2. 怎样进行工程概算？举例说明。
3. 简述工作区子系统正式设计时应考虑的内容。
4. 分析设计工作区子系统时与客户进行技术交流的意义。
5. 简述设计独立单人办公室信息点时应注意的事项。
6. 设计独立多人办公室信息点时应该注意些什么？
7. 试举出与会议室信息点设计类似的工程项目。

任务二十二　配线子系统的概念及设计

一、什么是配线子系统

配线子系统是综合布线系统的一部分，它将干线子系统线路延伸到用户工作区，实现信息插座和管理间子系统的连接。它包括工作区与楼层配线间之间的所有线缆、连接硬件（信息插座、插头、端接水平传输介质的配线架、跳线架等）、跳线线缆及附件。

二、配线子系统的各种限制规定

1. 配线子系统线缆的布线距离

（1）配线子系统的信道长度不应大于 100 米，水平线缆长度不应大于 90 米，跳线长度不应大于 5 米；

（2）信道总长度不应大于 2 000 米，其中包括水平线缆、建筑物主干线缆及建筑群主干线缆三个部分；

（3）当建筑物或建筑群配线设备之间组成的信道出现 4 个连接器件时，主干线缆的长度不应小于 15 米。

2. 管道线缆的布放

在配线子系统中，线缆必须安装在线槽或者线管内。在暗设布线时，一般选择线管，不允许使用线槽；在明装布线时，一般选择线槽，很少使用线管。

（1）布线曲率半径的要求：布线中如果不能大于最小曲率半径，双绞线电缆的缠绕节距会发生变化，严重时，电缆可能会损坏，直接降低电缆的传输性能。

（2）网络电缆与电力电缆的间距：在配线子系统中，经常出现网络电缆与电力电缆平行布线的情况，为了减少电力电缆的电磁场对网络系统的影响，它们之间必须保持一定的距离。

三、配线子系统的设计要点

（1）配线子系统应根据楼层用户类别及其对工程提出的近、远期终端设备要求，确定每层的信息点数；

（2）配线电缆宜采用 8 芯非屏蔽双绞线，对于高效率应用场合，宜采用多模或单模光纤；

（3）信息点应为标准的 RJ－45 型插座，并与线缆类别相对应；

（4）配线子系统可采用吊顶上、地毯下、暗管、地槽等方式布线；

（5）信息点面板应采用国际标准面板。

四、总结

配线子系统分布于智能大厦的各个角落，绝大部分通信线缆都包括在这个子系统中。相对于干线子系统而言，配线子系统一般安装得十分隐蔽，更换和维护配线线缆的费用很高，技术要求也很高。由此可见，配线子系统的管路铺设、线缆选择在综合布线系统中占有重要地位。

实训 配线子系统的设计

实训目的

能够为真实的综合布线系统工程编制配线子系统施工方案，通过对配线子系统的掌握，训练规范施工的能力。

实训内容

（1）设计一种配线子系统的布线路径和方式，并绘制设计图；

（2）掌握工程材料核算方法，按照设计图，核算材料规格和数量，列出材料清单；

（3）按照设计图，准备工具，列出工具清单，领取材料和工具。

实训过程

（1）设计某网络公司从信息点到楼层机柜的配线子系统，并且绘制施工图。

（2）3～4人组成一个项目组，选出项目负责人，项目负责人指定一种设计方案进行实训。

（3）按照设计图，核算实训材料的规格和数量，掌握工程材料核算方法，列出材料清单，领取实训材料和工具。

（4）完成实训。

实训总结

完成实训总结，写出实训心得。

练习与思考

1. 试述配线子系统的覆盖范围。
2. 设计配线子系统的过程中应该注意哪些细节？
3. 为什么说施工安全是施工过程中的重中之重？
4. 配线子系统的布线曲率半径有什么要求？
5. 管道线缆的布放数量有什么要求？
6. 简述开放性办公室综合布线系统线缆长度的计算方法。

任务二十三　干线子系统的概念及设计

一、干线子系统的基本概念

干线子系统是综合布线系统中非常关键的组成部分。它由设备间子系统与管理间子系统的入口之间的布线组成，采用大对数线缆或管线，两端分别连接在设备间和楼层配线间的配线架上。它是建筑物内综合布线的主干线缆，是对在楼层配线间与设备间之间垂直布放的线缆的统称。

二、干线子系统的覆盖范围

干线子系统包括：

（1）供电缆走线用的竖向或横向通道；

（2）主设备间与计算机中心间的电缆。

干线子系统的任务是通过建筑物内部的传输电缆，把各个服务接线间的信号传送到设备间，直到传送到最终接口，再通往外部网络。

三、干线子系统的规划和设计

1. 确定干线线缆类型

干线子系统的线缆主要有铜缆和光缆两种类型。

（1）计算机网络系统的主干线缆可以选用 4 对双绞线电缆或光缆；

（2）电话语音系统的主干线缆可选用 3 类大对数双绞线电缆；

（3）有线电视系统的主干线缆一般采用 75Ω 同轴电缆。

2. 干线子系统路径的选择

干线子系统的主干线缆应选择距离最短、最安全和最经济的路由。建筑物内有两种类型的通道：封闭型和开放型。

（1）封闭型：指一连串上下对齐的空间，每层楼都有一间，包括电缆竖井、电缆孔、管道电缆等。

（2）开放型：指从建筑物的地下室到楼顶的一个开放空间，中间没有用任何楼板隔开。

3. 干线子系统干线线缆的交接

为了便于管理综合布线系统的路由，干线电缆、干线光缆布线的交接不应多于两次。

4. 干线子系统干线线缆的端接

干线线缆可采用点对点端接，也可采用分支递减端接以及电缆直接连接。点对点端接是最简单、最直接的结合方法。

四、干线子系统的图纸设计要求

从2007年10月1日起，新建建筑物必须设计网络综合布线系统，建筑物的原始设计图纸中有完整的初步方案和网络系统图，因此必须认真研究和读懂设计图纸。如果土建工程已经开始或者封顶，必须到现场勘测，并且将现场实际情况与设计图纸进行对比。

实训　垂直布线 PVC 实训

实训目的 <<<

通过设计干线子系统布线的路径和距离，熟练掌握干线子系统的设计方法；通过线槽的安装和穿线等，掌握干线子系统的施工方法。

实训内容 <<<

计算和准备好实训需要的材料和工具，完成竖井内模拟布线实验；合理设计施工布线系统，做到路径合理，垂直布线平直、美观，接头合理；掌握锯弓、螺丝刀、电动起子等工具的使用方法和技巧。

实训材料及工具 <<<

40PVC 线槽、接头、弯头、锯弓、锯条、钢卷尺、十字头螺丝刀、电动起子、人字梯等。

实训过程 <<<

（1）使用 PVC 线槽设计一个从管理间到楼层设备间机柜的干线子系统，并且绘制施工图；4 人一个项目组，选出负责人，每人设计一个干线子系统布线图，负责人指定一种设计方案进行实训，如图 3－9 所示。

图 3－9　干线子系统布线

（2）掌握工程材料核算方法，按照设计图，核算材料的规格和数量，列出材料清单。

(3) 按照材料清单，领取材料和工具。

(4) 完成明装布线实训，在实训墙上垂直安装线槽。

实训总结

(1) 画出干线子系统 PVC 线槽布线路径图；

(2) 计算布线所需要的弯头、接头等材料和工具的数量；

(3) 写出实训心得，完成实训总结。

练习与思考

1. 干线子系统的覆盖范围是什么？
2. 干线子系统的结构是星形结构吗？
3. 一般情况下，干线子系统采用什么类型的线缆？
4. 干线子系统的路由选择应遵循什么原则？
5. 干线子系统允许几次交接？
6. 干线子系统中的电缆与电力电缆的间距设计应符合什么要求？

项目四

测试验收实训

任务二十四　综合布线系统测试工具

一、测试仪器的作用

要保证综合布线系统工程测试结果的权威性，就必须选择合适的测试仪器，一般要求测试仪同时具有认证和故障查找能力，从而在保证测定布线是否通过各项标准的基础上，能快速准确地进行故障定位。

二、测试仪器的分类

1. 电缆测试仪

功能：验证测试，包括测试电缆有无开路和断路，是否正确连接，串扰记忆近端，串扰故障定位，同轴电缆终端匹配电阻连接是否良好等基本情况。

电缆测试仪的种类包括 UTP3 类、5 类、超 5 类和 6 类电缆，测试输出方式包括屏幕显示和打印。

2. 光纤测试仪

功能：测试光纤的连续性、输入和输出功率，分析光纤的衰减/损耗，确定光纤连续性和发生光损耗的部位等。

光纤测试仪种类包括单模、多模、室内和室外，输出方式有屏幕显示和打印。

三、福禄克（FLUKE）产品

（1）跳线测试适配器；
（2）外部串扰测试适配器；
（3）光纤测试适配器。

四、测试仪各控件

（1）功能键；
（2）退出键；
（3）测试键；
（4）保存键；
（5）输入键；
（6）对话键；
（7）灯光键；
（8）开关键；
（9）箭头键。

实训　使用测试仪测量网络跳线

实训目的

熟悉福禄克测试仪的基本操作，掌握跳线测试的方法；能够将测试结果导出制作成 PDF 格式的测试文档。

实训材料及工具

福禄克测试仪如图 4－1 所示。

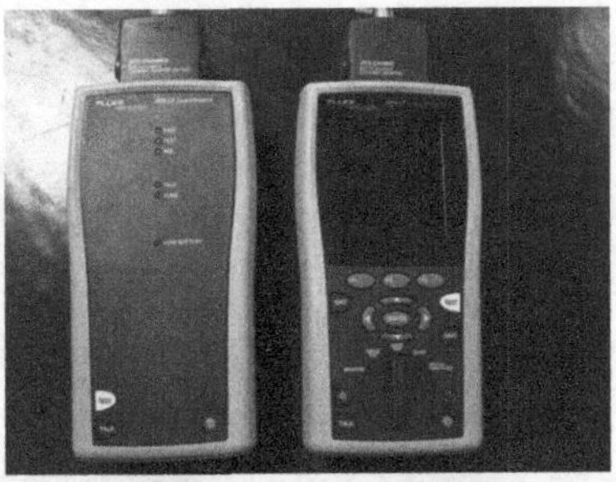

图 4－1　福禄克测试仪

实训过程

（1）每个同学完成一条网络跳线的制作；

（2）每个小组轮流完成测试仪的开机和基本设计操作；

（3）测试网络跳线，并正确保存结果；

（4）导出测试结果，制成电子文档。

实训总结

陈述实训步骤，总结实训体会和操作技巧，完成实训报告，写出实训心得。

练习与思考

1. 布线测试仪器对于综合布线系统工程的意义是什么？
2. 试举出常用的布线测试仪的品牌。
3. 福禄克测试仪都有哪些适配器？
4. 试述测试仪都有哪些按键。
5. 对话键有什么用途？
6. 箭头键在测试过程中有什么用？

任务二十五　综合布线系统工程测试

一、综合布线系统工程的测试类型

1. 永久链路测试

永久链路测试一般是对从配线架上的跳线插座到工作区墙面板插座位置这段链路进行的物理性能测试，如图 4－2 所示。

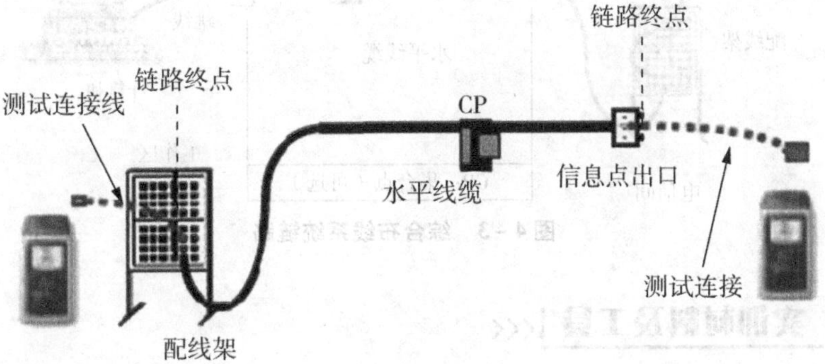

图 4－2　永久链路

2. 信道测试

信道测试又叫通道测试，一般是对从交换机端口上设备跳线的 RJ－45 水晶头到服务器网卡前用户跳线的水晶头这段链路进行的物理性能测试。

二、综合布线系统工程的测试

1. 如何测试电缆跳线

跳线适配器外观与信道适配器很相像，想要既保证信道质量，又不进行信道测试，用户只需要重点把握好跳线的质量即可。

测试结果的存取方式与永久链路和信道的存取方式相同。

2. 如何测试整卷线缆

整卷线缆购入后有时需要作进货验收，此时可以使用整卷线缆测试适配器进行测试。方法很简单，更换测试适配器，将整卷线缆的 4 个线缆剥去外皮（1 厘米），插入适配器测试连接孔中测试即可。

实训　链路测试

实训目的

掌握利用福禄克测试仪进行基本的超5类综合布线系统性能测试的方法。已安装好的综合布线系统链路如图4－3所示，以下实训会以图4－3为基础。

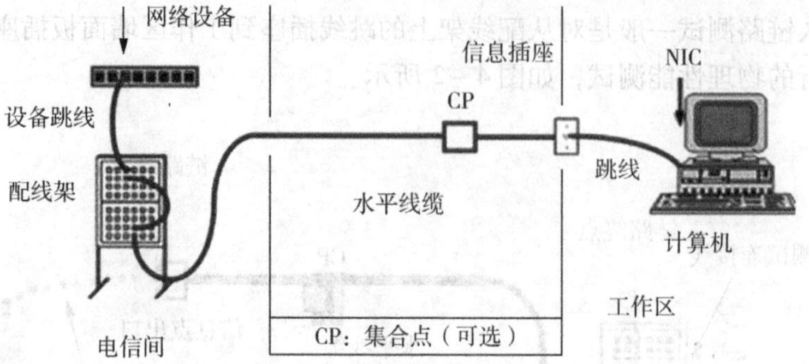

图4－3　综合布线系统链路

实训材料及工具

福禄克测试仪。

实训过程

1．永久链路测试步骤

（1）将测试仪主机和远端机连上被测链路，因为是永久链路测试，所以必须用永久链路适配器连接，图4－4为永久链路测试连接方式；

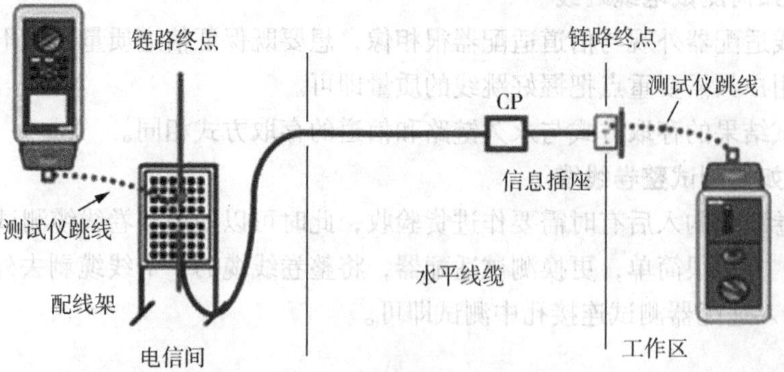

图4－4　永久链路测试连接方式

（2）启动测试仪，如图 4－5 所示，并选择中文界面；

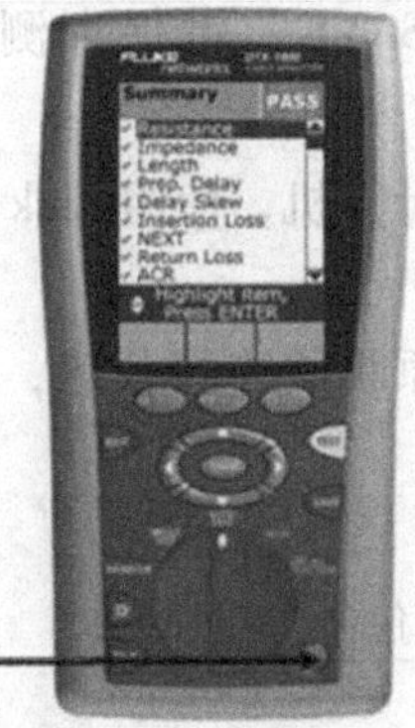

图 4－5　启动测试仪

（3）选择双绞线、测试类型和标准；

图 4－6　选择测试类型

（4）按“TEST”键，启动自动测试，完成一条正确链路的测试；

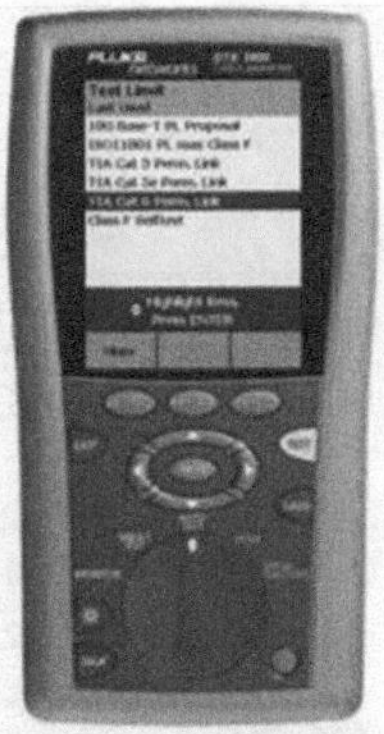

图 4－7　启动自动测试

（5）在测试仪中为测试结果命名，名称可以是手动输入、自动递增、自动序列；

（6）测试通过后，按“SAVE”键保存测试结果，结果保存于内部存储器中；

（7）通过 USB 线连接到计算机，使用 Link Ware 软件导出测试数据。

2. **信道测试步骤**

（1）信道测试中要使用原跳线连接仪表，如图 4－8 的信道链路测试连接方式；

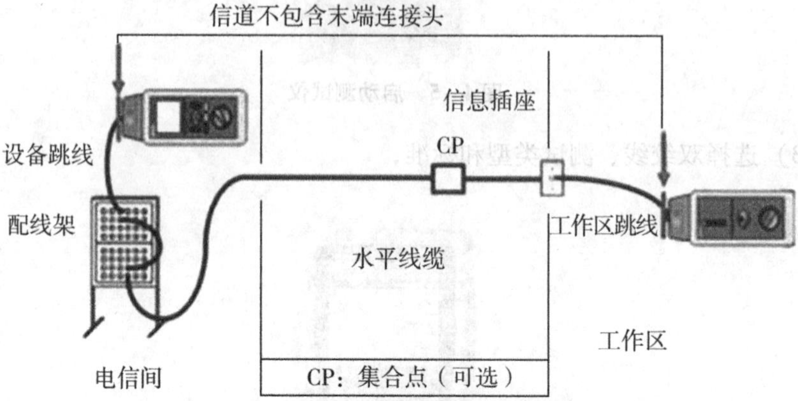

图 4－8　信道链路测试连接方式

（2）选择双绞线、测试类型和标准，按“TEST”键，启动自动测试，完成一条正确链路的测试；

（3）保存与命名方法跟永久链路测试一样。

实训总结

陈述实训步骤以及测试时的注意事项，总结实训体会和操作技巧，完成实训报告，写出实训心得。

练习与思考

1. 综合布线系统工程测试的主要内容是什么？
2. 永久链路测试的范围包括哪些？
3. 信道测试的范围包括哪些？
4. 对 UTP 链路测试的主要内容是什么？
5. 电缆有哪三种测试类型？
6. 电缆的三种测试各有何意义？
7. 简述电缆跳线的测试方法。
8. 简述如何测试整卷线缆。

任务二十六　工程项目验收

一、工程验收的主要项目

工程验收需要非常仔细，要将网络中存在的问题以及所采购设备的型号等内容核对清楚，以免给后期的网络维护带来不必要的麻烦。工程验收的主要项目有现场物理验收和文档与系统测试验收。

1. 现场物理验收

现场物理验收需要由甲乙双方共同组成一个验收小组，小组成员通常为双方的工程技术人员，也可以聘请第三方的相关人士参与，通常是按不同的工作区进行验收：

（1）工作区子系统的验收；

（2）配线子系统的验收；

（3）干线子系统的验收；

（4）管理间、设备间、进线间子系统的验收。

2. 文档与系统测试验收

（1）网络系统的初步验收；

（2）网络系统的试运行；

（3）网络系统的最终验收；

（4）交接和维护。

二、工程验收的要点

1. 检查设备安装

（1）机柜和配线架的安装；

（2）信息模块的安装。

2. 清点与验收设备

（1）明确任务目标；

（2）先期准备；

（3）开箱检查、清点、验收；

（4）登记、贴标签。

实训　工程项目验收

实训目的

通过对已完成的综合布线系统工程项目的验收与评价，理解工程验收各个部分的内容要求，深入掌握工程项目验收的标准。

实训材料及工具

福禄克测试仪。

实训过程

1．工作区子系统验收

（1）线槽走向、布线是否美观大方、符合规范；

（2）信息插座是否按规范进行安装；

（3）信息插座安装是否做到一样高、平、牢固；

（4）信息面板是否都安装牢靠；

（5）标志是否齐全。

2．配线子系统验收

（1）线槽安装是否符合规范；

（2）槽与槽、槽与槽盖是否接合良好；

（3）托架、吊杆是否安装牢靠；

（4）配线与干线、工作区交接处是否出现裸线，有没有按规范去做；

（5）配线槽内的线缆有没有固定好；

（6）接地是否正确。

3．干线子系统验收

干线子系统的验收除了类似配线子系统的验收内容外，还要检查楼层与楼层之间的洞口是否封闭，以防火灾出现时，成为一个隐患点；检查线缆是否按间隔要求固定，拐弯线缆是否留有弧度。

4．管理间、设备间子系统验收

（1）机柜安装的位置是否正确，型号、外观是否符合要求；

（2）跳线制作是否规范，配线面板的接线是否美观、整洁。

5．线缆布放验收

（1）线缆规格、路由是否正确；

（2）对线缆的编号是否正确；

（3）线缆拐弯处是否符合规范；

（4）竖井的线槽、线是否安装牢靠；
（5）是否存在裸线；
（6）竖井层与楼层之间是否采取了防火措施。

6．架空布线验收

（1）架设竖杆位置是否正确；
（2）吊线规格、垂度、高度是否符合要求；
（3）卡挂钩的间隔是否符合要求。

7．管道布线验收

（1）使用的管孔及其位置是否合适；
（2）线缆规格是否正确；
（3）线缆走向是否正确；
（4）防护设施是否齐备。

8．电气测试验收

（1）系统测试仪器要符合要求；
（2）测试信道与链路的各种性能指标；
（3）将所有存贮的测试数据输出至计算机和打印机；
（4）数据必须不被修改，并进行维护和文档管理；
（5）提供所有测试结果的详细报告。

9．技术文档验收

（1）福禄克的非屏蔽双绞线认证测试报告（电子文档即可）；
（2）综合布线系统工程拓扑图；
（3）信息点分布图；
（4）管线路由图；
（5）机柜布局图及配线架上信息点分布图。

实训总结

陈述实训步骤以及验收时的注意事项，总结实训体会和操作技巧，完成实训报告，写出实训心得。

练习与思考

1. 工程项目验收的主要项目有哪些？
2. 验收工作区子系统时应注意什么？
3. 验收干线子系统的时候应该检验哪些细节？
4. 什么样的设备安装才是合格的？
5. 技术文档验收应该包括哪些文档？
6. 什么样的标签标记才是合格的？
7. 设备间子系统的验收标准是什么？

任务二十七　工程项目招投标

一、工程项目招标

1．工程项目招标的基本概念

综合布线系统工程项目招标通常是指需要投资建设综合布线系统的单位（一般称为招标人），通过招标公司或投标邀请书等形式邀请有承担招标项目能力的系统集成施工单位投标，最后选择其中对招标人最有利的投标人进行工程总承包的一种经济行为。

2．工程项目招标的方式

工程项目招标的方式一般包括：

（1）公开招标；

（2）竞争性谈判；

（3）询价采购；

（4）单一来源采购。

3．工程项目招标的程序

工程项目招标的程序有：

（1）找招标公司或自行发布投标邀请书；

（2）开标；

（3）评标；

（4）定标；

（5）签订合同。

二、工程项目投标

1．工程项目投标的基本概念

综合布线系统工程项目投标通常是指系统集成施工单位（一般称为投标人）在获得了招标人工程建设项目的招标信息后，通过分析招标文件，迅速而有针对性地编写投标文件参与竞标的一种行为。

2．工程项目投标的报价

（1）工程项目投标报价的内容。

①工程项目造价的估算；

②工程项目投标报价的依据；

③工程项目投标报价的内容。

（2）工程项目投标报价的要求。

投标人不得相互串通投标报价，排挤其他公平竞争的投标人，损害招标人或者其他投标人的合法权益；不得损害国家利益、社会公共利益；不得以低于成本的报价竞标等。

实训 投标文件的制作

实训目的

通过制作投标文件，理解工程项目投标的内容和要求，深入掌握工程项目投标的过程和相关投标文件的制作。

实训要求

完成以下文档的编写：

(1) 投标文件目录；

(2) 投标报价一览表；

(3) 报价货物数量、价格表；

(4) 综合布线系统工程平面图。

实训过程

对一栋6层高宿舍楼的综合布线系统进行设计，该宿舍楼是5号宿舍楼群（有A、B、C三栋楼）中间的一栋，在1、2层有两个房间位置的通道，第1、2、6层各有17间房，第3、4、5层各有19间房，每间房住6人。根据用户需求，按一人一个信息插座的要求配置综合布线系统。

工程名称：某学院学生宿舍5号楼B栋综合布线系统工程。

地理位置：学生宿舍区。

建筑物数量：6层建筑物1栋。

(1) 阅读工程案例，了解基本情况；

(2) 完成投标文件目录的编写；

(3) 制作投标报价一览表；

(4) 制作报价货物数量、价格表；

(5) 绘制综合布线系统工程平面图。

实训总结

陈述实训步骤以及投标时的注意事项，总结实训体会和操作技巧，完成实训报告，写出实训心得。

练习与思考

1. 投标有哪些步骤？
2. 工程项目投标的定义是什么？
3. 简述工程项目投标报价的要求。
4. 简述工程项目招标的程序。
5. 试述公开招标方式的优点和缺点。
6. 谈谈竞争性谈判的特点。